U0277388

浙江科学技术史研究丛书

浙江科学技术史

民国卷

History of Science and Technology in Zhejiang Province

王彦君 编著

ZHEJIANG UNIVERSITY PRESS

浙江大学出版社

图书在版编目(CIP)数据

浙江科学技术史. 民国卷 / 王彦君编著. —杭州：
浙江大学出版社,2014.10
ISBN 978-7-308-11021-1

Ⅰ. ①浙… Ⅱ. ①王… Ⅲ. ①自然科学史－浙江省－
民国 Ⅳ. ①N092

中国版木图书馆 CIP 数据核字(2013)第 006382 号

浙江科学技术史·民国卷

王彦君　编著

丛书策划	朱　玲	
责任编辑	葛　娟	
封面设计	奇文云海	
出版发行	浙江大学出版社	
	（杭州市天目山路 148 号　邮政编码 310007）	
	（网址：http://www.zjupress.com）	
排　　版	杭州中大图文设计有限公司	
印　　刷	浙江印刷集团有限公司	
开　　本	710mm×1000mm　1/16	
印　　张	12.5	
字　　数	230 千	
版 印 次	2014 年 10 月第 1 版　2014 年 10 月第 1 次印刷	
书　　号	ISBN 978-7-308-11021-1	
定　　价	45.00 元	

浙江文化研究工程成果文库总序

　　有人将文化比作一条来自老祖宗而又流向未来的河,这是说文化的传统,通过纵向传承和横向传递,生生不息地影响和引领着人们的生存与发展;有人说文化是人类的思想、智慧、信仰、情感和生活的载体、方式和方法,这是将文化作为人们代代相传的生活方式的整体。我们说,文化为群体生活提供规范、方式与环境,文化通过传承为社会进步发挥基础作用,文化会促进或制约经济乃至整个社会的发展。文化的力量,已经深深熔铸在民族的生命力、创造力和凝聚力之中。

　　在人类文化演化的进程中,各种文化都在其内部生成众多的元素、层次与类型,由此决定了文化的多样性与复杂性。

　　中国文化的博大精深,来源于其内部生成的多姿多彩;中国文化的历久弥新,取决于其变迁过程中各种元素、层次、类型在内容和结构上通过碰撞、解构、融合而产生的革故鼎新的强大动力。

　　中国土地广袤、疆域辽阔,不同区域间因自然环境、经济环境、社会环境等诸多方面的差异,建构了不同的区域文化。区域文化如同百川归海,共同汇聚成中国文化的大传统,这种大传统如同春风化雨,渗透于各种区域文化之中。在这个过程中,区域文化如同清溪山泉潺潺不息,在中国文化的共同价值取向下,以自己的独特个性支撑着、引领着本地经济社会的发展。

　　从区域文化入手,对一地文化的历史与现状展开全面、系统、扎实、有序的研究,一方面可以藉此梳理和弘扬当地的历史传统和文化资源,繁荣和丰富当代的先进文化建设活动,规划和指导未来的文化发展蓝图,增强文化软实力,为全面建设小康社会、加快推进社会主义现代化提供思想保证、精神动力、智力支持和舆论力量;另一方面,这也是深入了解中国文化、研究中国文化、发展中国文化、创新中国文化的重要途径之一。如今,区域文化研究日益受到各地重视,成为我国文化研究走向深入的一个重要标志。我们今天实施浙江文化研究工程,其目的和意义也在于此。

　　千百年来,浙江人民积淀和传承了一个底蕴深厚的文化传统。这种文化传统的独特性,正在于它令人惊叹的富于创造力的智慧和力量。

浙江文化中富于创造力的基因,早早地出现在其历史的源头。在浙江新石器时代最为著名的跨湖桥、河姆渡、马家浜和良渚的考古文化中,浙江先民们都以不同凡响的作为,在中华民族的文明之源留下了创造和进步的印记。

浙江人民在与时俱进的历史轨迹上一路走来,秉承富于创造力的文化传统,这深深地融汇在一代代浙江人民的血液中,体现在浙江人民的行为上,也在浙江历史上众多杰出人物身上得到充分展示。从大禹的因势利导、敬业治水,到勾践的卧薪尝胆、励精图治;从钱氏的保境安民、纳土归宋,到胡则的为官一任、造福一方;从岳飞、于谦的精忠报国、清白一生,到方孝孺、张苍水的刚正不阿、以身殉国;从沈括的博学多识、精研深究,到竺可桢的科学救国、求是一生;无论是陈亮、叶适的经世致用,还是黄宗羲的工商皆本;无论是王充、王阳明的批判、自觉,还是龚自珍、蔡元培的开明、开放,等等,都展示了浙江深厚的文化底蕴,凝聚了浙江人民求真务实的创造精神。

代代相传的文化创造的作为和精神,从观念、态度、行为方式和价值取向上,孕育、形成和发展了渊源有自的浙江地域文化传统和与时俱进的浙江文化精神,她滋育着浙江的生命力、催生着浙江的凝聚力、激发着浙江的创造力、培植着浙江的竞争力,激励着浙江人民永不自满、永不停息,在各个不同的历史时期不断地超越自我、创业奋进。

悠久深厚、意蕴丰富的浙江文化传统,是历史赐予我们的宝贵财富,也是我们开拓未来的丰富资源和不竭动力。党的十六大以来推进浙江新发展的实践,使我们越来越深刻地认识到,与国家实施改革开放大政方针相伴随的浙江经济社会持续快速健康发展的深层原因,就在于浙江深厚的文化底蕴和文化传统与当今时代精神的有机结合,就在于发展先进生产力与发展先进文化的有机结合。今后一个时期浙江能否在全面建设小康社会、加快社会主义现代化建设进程中继续走在前列,很大程度上取决于我们对文化力量的深刻认识、对发展先进文化的高度自觉和对加快建设文化大省的工作力度。我们应该看到,文化的力量最终可以转化为物质的力量,文化的软实力最终可以转化为经济的硬实力。文化要素是综合竞争力的核心要素,文化资源是经济社会发展的重要资源,文化素质是领导者和劳动者的首要素质。因此,研究浙江文化的历史与现状,增强文化软实力,为浙江的现代化建设服务,是浙江人民的共同事业,也是浙江各级党委、政府的重要使命和责任。

2005 年 7 月召开的中共浙江省委十一届八次全会,做出《关于加快建设文化大省的决定》,提出要从增强先进文化凝聚力、解放和发展生产力、增强社会公共服务能力入手,大力实施文明素质工程、文化精品工程、文化研究工程、文化保护工程、文化产业促进工程、文化阵地工程、文化传播工程、文化人才工程等"八项工程",实施科教兴国和人才强国战略,加快建设教育、科技、卫生、体育等"四个强省"。作为文化建设"八项工程"之一的文化研究工程,其任务就是系统研究浙江文化的历史成就和当代发展,深入挖掘浙江文化底蕴、研究浙江现象、总结浙江经验、指导浙江未来的发展。

浙江文化研究工程将重点研究"今、古、人、文"四个方面,即围绕浙江当代发展问题研究、浙江历史文化专题研究、浙江名人研究、浙江历史文献整理四大板块,开展系统研究,出版系列丛书。在研究内容上,深入挖掘浙江文化底蕴,系统梳理和分析浙江历史文化的内部结构、变化规律和地域特色,坚持和发展浙江精神;研究浙江文化与其他地域文化的异同,厘清浙江文化在中国文化中的地位和相互影响的关系;围绕浙江生动的当代实践,深入解读浙江现象,总结浙江经验,指导浙江发展。在研究力量上,通过课题组织、出版资助、重点研究基地建设、加强省内外大院名校合作、整合各地各部门力量等途径,形成上下联动、学界互动的整体合力。在成果运用上,注重研究成果的学术价值和应用价值,充分发挥其认识世界、传承文明、创新理论、咨政育人、服务社会的重要作用。

我们希望通过实施浙江文化研究工程,努力用浙江历史教育浙江人民、用浙江文化熏陶浙江人民、用浙江精神鼓舞浙江人民、用浙江经验引领浙江人民,进一步激发浙江人民的无穷智慧和伟大创造能力,推动浙江实现又快又好发展。

今天,我们踏着来自历史的河流,受着一方百姓的期许,理应负起使命,至诚奉献,让我们的文化绵延不绝,让我们的创造生生不息。

2006 年 5 月 30 日于杭州

《浙江文化研究工程》序

赵洪祝

　　浙江是中国古代文明的发祥地之一，历史悠久、人文荟萃，素称"文物之邦"，从史前文化到古代文明，从近代变革到当代发展，都为中华民族留下了众多弥足珍贵的文化遗产。勤劳智慧的浙江人民历经千百年的传承与创新，在保留自身文化特质的基础上，兼收并蓄外来文化的精华，形成了具有鲜明浙江特色、深厚历史底蕴、丰富思想内涵的地域文化，这是浙江人民共同创造的物质财富和精神财富的结晶，是中华文化中的一朵奇葩。如何更好地使这一文化瑰宝为我们所用、为时代服务，既是历史传承给我们的一项艰巨任务，也是时代赋予我们的一项神圣使命。深入挖掘、整理、探究，不断丰富、发展、创新浙江地域文化，对于进一步充实浙江文化的内涵和拓展浙江文化的外延，进一步增强浙江文化的创新能力、整体实力、综合竞争力，进一步发挥文化在促进浙江经济、政治和社会建设中的作用，具有重要的现实意义和深远的历史意义。

　　改革开放以来，历届浙江省委始终高度重视社会主义文化建设。早在1999年，浙江省委就提出了建设文化大省的目标；2000年，制定了《浙江省建设文化大省纲要》；2005年，做出了《关于加快建设文化大省的决定》，经过全省上下的共同努力，浙江文化大省建设取得了显著成效。

　　浙江文化研究工程是浙江文化建设"八项工程"的重要内容之一，也是迄今为止国内最大的地方文化研究项目之一。该工程旨在以浙江人文社会科学优势学科为基础，以浙江改革开放与现代化建设中的重大理论、现实课题和浙江历史文化为研究重点，着重从"今、古、人、文"四个方面，梳理浙江文明的传承脉络，挖掘浙江文化的深厚底蕴，丰富与时俱进的浙江精神，推出一批在研究浙江和宣传浙江方面具有重大学术影响和良好社会效益的学术成果，培养一支拥有高水平学科带头人的学术梯队，建设一批具有浙江特色的"当代浙江学术"品牌，进一步繁荣和发展哲学社会科学，提升浙江的文化软实力，为浙江全面建设惠及全省人民的小康社会和实现社会主义现代化，提供强大的精神动力、正确的价值导向和有力的智力支持，为提升浙江文化影响力、丰富中华文化宝库做出贡献。

浙江文化研究工程开展三年来，专家学者们潜心研究，善于思考，勇于创新，在浙江当代发展问题研究、浙江历史文化专题研究、浙江名人研究、浙江历史文献整理等诸多研究领域都取得了重要成果，已设立10余个系列400余项研究课题，完成230项课题研究，出版200余部学术专著，发表大量的学术论文，产生了广泛而深远的社会影响。这些阶段性成果，对于加快建设文化大省提供了新的支撑力和推动力。

党的十七大突出强调了加强文化建设、提高国家文化软实力的极端重要性，并对兴起社会主义文化建设新高潮、推动社会主义文化大发展大繁荣做出了全面部署。为深入贯彻落实党的十七大精神，浙江省第十二次党代会提出"创业富民、创新强省"总战略，并坚持把建设先进文化作为推进创业创新的重要支撑。2008年6月，省委召开工作会议，对兴起文化大省建设新高潮、推动浙江社会主义文化大发展大繁荣进行专题部署，制定实施了《浙江省推动文化大发展大繁荣纲要（2008－2012）》，明确提出：今后一个时期我省兴起文化大省建设新高潮、推动文化大发展大繁荣的主要任务是，在加快建设教育强省、科技强省、卫生强省、体育强省的同时，继续深入实施文明素质工程、文化精品工程、文化研究工程、文化保护工程、文化产业促进工程、文化阵地工程、文化传播工程、文化人才工程等文化建设"八项工程"，着力建设社会主义核心价值体系、公共文化服务体系、文化产业发展体系等"三大体系"，努力使我省文化发展水平与经济社会发展水平相适应，在文化建设方面继续走在前列。

当前，浙江文化建设正站在一个新的历史起点上，既面临千载难逢的机遇，也面对十分严峻的挑战。如何抓住机遇，迎接挑战，始终保持浙江文化旺盛的生命力，更好地发挥文化软实力的重要作用，是需要我们认真研究、不断探索的重大新课题。我们要按照科学发展观的要求，全面实施"创业富民、创新强省"总战略，以更深刻的认识、更开阔的思路、更得力的措施，大力推进浙江文化研究工程，努力回答浙江经济、政治、文化、社会建设和党的建设遇到的各种新问题，努力回答干部群众普遍关心的热点问题，努力形成一批有较高学术价值和社会效益的研究成果。

继续推进浙江文化研究工程，是一件功在当代、利在千秋的事业。我们热切地期待有更多的优秀成果问世，以展示浙江文化的实力，增强浙江文化的竞争力，扩大浙江文化的影响力。

2008年9月10日于杭州

编首语

（一）

科学技术是人类认识自然、改造自然的有力武器，科学技术史是人类文明史的基础和主干，在人类社会发展历史中具有十分重要的地位。浙江地处中国东南沿海，历来人文荟萃，科技人才辈出，创造了辉煌的科学技术成就，在中国科技史、东亚科技史乃至世界科技史上都具有重要的地位。

开展浙江科学技术史研究，对于认识和了解浙江科技的历史发展进程，对于浙江的现代科技文化建设具有重要的理论价值和现实意义。一方面，浙江科学技术史是浙江文化史的重要组成部分，探讨浙江科学技术史多元丰富的内涵和鲜明独特的传统，对于挖掘浙江文化的深刻内涵和丰富底蕴具有重要的理论价值；另一方面，研究浙江科学技术史不仅能够帮助人们认识和了解浙江科学技术的发展进程，同时也有助于总结浙江科学技术发展的历史经验和教训，从而为规划浙江科学技术发展和推动科学文化传播提供有益的借鉴，为浙江全面建设物质富裕、精神富有的现代化社会提供强大的精神动力和智力支持。

然而，科学技术史如同人类的其他历史，头绪繁杂纷纭，材料无限丰富且还在不断被挖掘和充实，如何剪裁布局是见仁见智的事情。综观各种科技史版本，有专门讨论观念发展的思想史，有侧重科技活动的社会史，有关注人物事件的专题史，有着墨区域民族的地方史等等，各有千秋，精彩纷呈。2005 年，在中共浙江省委做出实施"浙江文化研究工程"重大战略部署时，我们根据自己的研究基础和力量，设计了三卷本"浙江近代科技文化史研究"项目,计划以明末清初到民国为时间范围,对近代浙江科学技术发展与文化发展的互动和关联进行专题史性质的研究。

项目计划送审时,浙江省哲学社会科学发展规划办公室的领导提出,对浙江科学技术发展进行通史式研究一直是学界空白,与具有悠久历史的浙江文化传统很不相称,也在一定程度上影响了浙学研究的深入。因此希望我们拓展研究视野,开展对浙江科学技术史从古代贯通到现代的研究,写出一部自上古到 20 世纪末的浙江科学技术通史,以填补这方面研究的空白。

这是一个高难度的任务,具有极大的挑战性。能否承接?我们经过深入研读文献,并多方讨教,反复讨论,最后终于鼓起勇气,尝试吃一下"螃蟹",并且做好了当"铺路石"的心理准备。总要有人跨出第一步,即使这一步走得不够理想,也可以为他人以后继续走下去、走得更好提供基础和借鉴。这样,我们重新设计了"浙江科学技术史系列研究"(上古到当代)的课题,并在 2005 年年底经浙江历史文化研究工程专家委员会论证后,获得浙江省社会科学规划领导小组批准。

系列研究被列为浙江省哲学社会科学规划重点课题,许为民为课题总负责人,王淼任课题组秘书。下面设置 7 个单项课题,分别由龚缨晏、张立、王淼、王彦君、许为民负责。作为系列研究的最后成果,就是出版 7 卷本的"浙江科学技术史研究丛书"。由于历史研究需要大量查阅文献,且年代越早文献越难寻找和获得,我们根据研究力量和文献情况,把丛书的完成由近及远分为两个阶段:第一阶段的研究范围确定为清代到现代,开展 4 个单项课题的研究,完成研究文稿后先行提交评审和出版;第二阶段的研究范围确定为上古到明代,分为 3 个单项课题,完成文稿后再评审出版。

(二)

一般来说,一部科学技术通史的编撰可以按照历史阶段和学科门类两种思路展开,鉴于浙江科学技术史研究的一些特点,我们采用了断代分期的方式撰写。"浙江科学技术史研究丛书"各卷断代分期的设计主要考虑了以下因素:与一般历史分期基本相当,与各时期相关文献的多寡和影响大小相联系,保持各卷研究内容相对均衡。这样的分卷考虑虽然不一定是最合理的,有厚今薄古的倾向,但也是从实际出发的一种可行设计。

丛书各卷的名称、年代和编著者分别是:

浙江科学技术史·上古到五代卷(上古至 960 年),编著者:项隆元,龚缨晏;

浙江科学技术史·宋元卷(960—1368 年),编著者:张立;

浙江科学技术史·明代卷(1368—1644 年),编著者:王淼;

浙江科学技术史·清代前期和中期卷(1644—1840 年),编著者:张立;

浙江科学技术史·晚清卷(1840—1911 年),编著者:王淼;

浙江科学技术史·民国卷(1912—1949 年),编著者:王彦君;

浙江科学技术史·当代卷(1949—2000 年),编著者:许为民等。

各卷的主要内容简介如下:

上古到五代卷

史前时代,浙江的先民们创造出了发达的稻作农业、独特的干栏式建筑、精湛的治玉工艺等,从而为中华文明的形成做出了贡献。进入文明时代后,从商周时代出现的原始青瓷到唐五代的“秘色瓷”,从越国的青铜宝剑到东晋六朝的造纸术,从魏伯阳的《周易参同契》到喻皓的《木经》,从虞喜的“岁差说”到吴越国的天文图,都反映了浙江在中国早期科技史中的重要地位。需要指出的是,浙江的科学技术自史前时代开始,就具有海洋文化的印记。中国现知最早的独木舟,即出现在 8000 年前的钱塘江南岸。史前浙江的稻作农业,还漂洋过海,传播到朝鲜半岛和日本列岛。汉唐时代的“海上丝绸之路”,则有力地促进了浙江与海外的科技文化交流。

宋元卷

宋元时期是中国也是浙江古代科学技术发展的高峰时期,经济的繁荣为科学技术的发展提供了必要的物质基础与技术需求,很多传统的科学技术在这一时期达到了古代的最高水平。浙江的科学技术在这一时期取得了许多突出的成就,涌现了一批杰出的人物,例如:被誉为“中国科学史上的坐标”的沈括和发明活字印刷的毕昇生活于北宋时期,中国数学史上“宋元四大家”之一的杨辉生活于南宋时期,中国医学史上“金元四大家”之一的朱震亨则生活于元代。尤为值得重视的是,在南宋时期,汉族中央政治和文化中心从中原地区转移到浙江杭州,南宋社会的发展更多地打上了浙江文化的烙印。

明代卷

明代是浙江科学技术史上的重要时期,传统科学在这一时期经历了从衰退到复兴的发展历程,传统技术出现了一些重要的创新性成果,中医药学也获得了新的发展。与此同时,明代浙籍学人在中外科学技术交流领域表现活跃,特别是为促进西方科技的传入、揭开中国近代科技发展的序幕做出了积极贡献。本卷对明代浙江在天文历算、地学、生物学、医药学、技术和中外科学技术交流等领域涌现出的杰出人物、重要著作以及取得的成就做了较为全面和深入的探讨。基于对相关科学技术内容的介绍,简要分析了这一时期浙江科学技术发展的特征以及与社会的互动关系。

清代前期和中期卷

明末清初被科学技术史界认为是中国近代科学技术史的起点。西方科学技术传入到清初中断,清代中叶中国学者在科学技术方面的工作重点转为挖掘、整理和考辨古代文献,但西学的影响无法中断,西学的传入使中国科学技术的发展道路发生了重要改变。这一时期,浙江地区传统的科学技术持续发展,在地理学、生物学与农学、医药学以及手工业技术和水利工程等方面的成就比较突出。西方科学技术也随着传教士的进入得到初步传播,浙江的杭州、宁波等地是当时西学传播的重要地区。清代前期的西学初步传播为浙江在晚清全面走向近代化打下了重要基础。

晚清卷

晚清时期,随着西方近代科学技术的广泛传播和普及,浙江初步实现了科学技术近代化。与此同时,浙江在传统科学技术领域也取得了一些新进展。本卷描述了第一次鸦片战争前后、洋务运动时期以及清末时期浙江的科学技术传播和研究活动以及科技教育的演进历程,同时叙述了晚清时期浙江在传统中医药学、民间传统工艺技术方面获得的新发展。在此基础上,简略概括晚清浙江科学技术发展的特点,并从科学技术与社会互动的角度出发,对晚清时期制约和促进浙江科学技术发展的因素以及科学技术对晚清浙江社会发展的影响做了简要探讨。

民国卷

中华民国时期是现代科学技术在浙江省的起步阶段。在大批归国留学生的支持和努力下,以浙江大学为代表,浙江省在自然科学、农学、工业技术等领域取得了丰硕成果,尤其在物理学、遗传学、化学工程等学科培养了大批人才,支持了地方以及全国的经济建设。1929 年,西湖博览会的召开标志着浙江省工农业技术达到了较高水平。1948 年中央研究院遴选的第一批 81 位院士中有 20 位是浙江籍(理工类);新中国成立后中国科学院遴选的第一批 172 名学部委员中有 27 位是浙江籍。浙籍院士在新中国科学技术事业领军人才中占据了重要份额。

当代卷

本卷把从新中国成立到 20 世纪末半个世纪间从边缘走向中心的浙江当代科学技术历程,分为"新中国成立初期到'文革'的曲折前进"和"改革开放到 20 世纪 90 年代的快速发展"两个时期,每个时期又分为特点明显的三个阶段。全书按照概述、考古研究、基础研究、农学农业、医学医疗、工业技术和科普科协活动的逻辑,对该期间浙江大地上发生的重大科学技术事件及其背景、经过和影响进行了比较系统的梳理,对该时期在浙江科技发展方面做出重要贡献的机构和人物进行了较为深入的挖掘,并特别探讨了浙江科学技术体制化的进程和经验,分析了当代浙江科学技术发展与社会的互动关系,以揭示当代浙江科技发展的自身特点与内在规律。

(三)

编撰 7 卷本"浙江科学技术史研究丛书"是一项工程较大、历时较长、需要多人分工合作的事业。研究中既要目标一致体现整体性,又要各扬所长展示独特性。为此,我们集思广益,在课题研究和书稿撰写的过程中,首先确定统一的目标:尽最大可能搜集和整理浙江科学技术史素材,积累基本资料;理清浙江历史上科学技术发展的基本问题,拓展研究视野,提升研究水平;争取在探索浙江科学技术发展的基本史实、内在机制、外在影响等方面有所突破。研究中力求贯彻"三个结合"的原则：考古资料与文献资料相结合，挖掘实物资料包含的科学技术内涵；专题研究与归纳分析相结合，探究浙江科学技术发展的原创精神和基本特征；内史研究与外史探究相结合，突破传统成就描述，使研究成果更具解释功能。

关于如何取舍浩如烟海的文献资料，我们认为，由于历史过程的不可逆性和无限丰富性，对它的任何描述都将是不完备的。为此我们确定了"求准不求全"的史料使用原则，要求入书的内容无误或少误。虽然"求准不求全"可能导致一些本该介绍的事件、机构、人物因史料不足没有介绍或介绍过略，但是以后可以补充修订；介绍错误虽然也可以订正，而造成的不良影响会更大，甚至将以讹传讹，贻笑大方。

就每个单项课题研究过程来说，基本上是从搜集、整理和分析重要的研究文献和科学技术史料入手，通过不断汇集和反复筛选，梳理浙江历史上各个时期重大的科学技术成就和科学技术事件，编写并不断完善各个时期的大事记，力争比较完整地勾勒出该时期浙江科学技术发展的全貌。同时，围绕影响较大的成就、人物、机构和活动，开展一系列综合研究和案例研究。此外，还特别关注科学技术的社会史、文化史、思想史和跨学科研究，探讨科技与社会文化的互动机制，揭示这一时期浙江科学技术发展的内在逻辑，使研究成果更具启发意义。

在写作体例方面，丛书有基本的规范要求，每卷除了正文还有相对比较完备的附录，主要包括参考文献，人物、著作索引和大事记，有的卷册因时代特点不同还有其他附录。撰稿技术规范是以中国科学院自然科学史研究所的规范为底本统一制定的。尽管有统一要求，由于存在着时代、文献、编著者等方面的差异性，各卷之间的不平衡是客观存在的。这一不平衡只能留待以后在修订时解决了。

"浙江科学技术史研究丛书"的撰写和出版，要感谢的人很多，无法一一罗列，这里特别需要提及的有：感谢浙江大学何亚平教授、黄华新教授，内蒙古师范大学罗见今教授，中国科技大学石云里教授，他们作为系列研究的首席专家给了我们悉心的指导；感谢浙江省哲学社会科学发展规划办公室原主任曾骅，她为课题的策划和立项给予了热情的鼓励；感谢浙江大学出版社傅强社长、徐有智总编辑和朱玲编辑，他们对于丛书的编辑和出版给予了大力的支持。此外还有许许多多的学者和同行，各位的指导、鼓励和支持是我们终于能够完成系列研究任务的强大动力。与此同时，我们也真诚地希望学界对于丛书存在的问题和谬误不吝赐教。

编委会

2013 年 12 月

前　言

　　民国时期,浙江省科学和技术在大批归国留学生的支持下逐渐发展起来,并以浙江大学为核心,在自然科学、农学和工业技术的引进和研究方面做出了重要贡献,特别是在物理学、化学、遗传学等基础学科领域,在国内研究条件尚不理想的情况下,艰难地开拓出了自己的道路。1948年(民国37年),中央研究院进行了第一届院士选举,在选出的81位院士中有20位是浙江籍(理工类16人),占总人数的近20%;1955年,中国人民科学院进行了第一次学部委员遴选,推选出172名科学家,其中浙江籍学部委员有37人,占总人数的22%。这些都说明了民国时期浙江省的科学和技术已经在中国科学和技术事业中拥有了重要地位。

　　综观民国时期浙江省科学和技术发展的历程,大致可以分为三个阶段:

　　1912—1927年(民国元年—民国16年)是浙江省科学和技术的引进和初创阶段。在这一阶段,浙江省顺应全国引进西方科学和技术以谋求政治、经济发展的潮流,在工农业生产中开始使用电力和机械,并推进农作物品种改良和病虫害防治,只是规模还比较小,基础研究也相对薄弱,虽然有地质学、生物学和气象学的零星成果,但这些成果中很大一部分是浙江人在省外机构或省外机构在浙江取得的成果,还不是纯粹的本土研究。

　　1928—1936年(民国17—民国25年)是浙江科学和技术的独立研究阶段。由于国民政府的支持,以及中央研究院和浙江大学的建立,浙江的科学和技术呈现出了较快的发展态势。在自然科学领域,化学和物理学开始起步,生物学进入现代时期,现代数学也在浙江大学开展起来。西药进入浙江市场,西医治疗技术也日益普及。在农业科学上,作物品种的引进和改良范围不断扩大,农业机械也有了明显进步。在工业技术领域,电力、加工、制造业、交通、通信事业得到了一定发展。可以说,这一阶段是民国时期浙江省科学和技术发展的"黄金阶段"。

1937—1949年(民国26—民国38年)是浙江科学和技术在抗战中艰苦奋斗和战后的恢复阶段。国际和国内战争使浙江省本地的科学和技术几乎陷于停滞,实业凋零,百废待兴。但是浙江大学在"西迁"的过程中却做出了令世人瞩目的成就,使基础研究得以延续,并且在农业科学和生产技术上紧密联系实际,整体科研氛围浓厚,被称为"东方剑桥"。"西迁"结束后,浙江大学的规模不减反增,积聚了各方面的人才,扩大了研究视野,成为门类比较齐全的综合性大学,这在中国科学界乃至世界科学界都是一个奇迹。浙江大学遂成为新中国成立后浙江省的核心科研机构之一。

本书通过对民国时期浙江省科学和技术发展的三个阶段的梳理,再现了20世纪上半叶浙江省科学和技术的发展脉络,并借以反映那一时期中国在依靠西方科学和技术寻求民族独立和富强的道路上所经历的艰难过程。

这一研究使我们更加深刻地认识到:科学技术是现代劳动生产力的第一促进因素,也是今天实现人类可持续发展的核心力量。但是科学和技术的进步需要诸多社会因素的保障,既要有安定的社会环境、稳定的物力投入,还要依靠职业化的科学技术人才的努力。新中国成立前,政治的动荡和经济落后给中国科学和技术发展造成了巨大障碍,特别是民国中期本来已经形成的较好的发展态势被随后的八年抗战打破了;幸好,中国人不畏艰难,即使在大后方条件恶劣的情况下,以浙江大学为代表的知识分子和有志青年仍能克服重重阻碍,继续从事力所能及的教育与研究工作,给战后浙江省及中国的科学和技术进步创造了必要条件。以"求是"为核心的教育和科研理念作为浙江科学精神的重要内容也为中国科学和技术事业积累了宝贵的经验,无论对当代还是对未来研究都是一笔不可多得的精神财富。

本书的研究建立在以往有关民国时期浙江省科学、技术事业的记述和初步研究的基础上,借鉴了大量有价值的研究成果和数据,在此特别向所引用文献的作者表示感谢。

本书研究形式和方法若有欠缺之处,敬请专家、学者和广大读者批评、指正。

目　录

第三章　1928—1936 年浙江的科学和技术：体制化和独立研究

第一章

民国时期浙江科学和技术的背景与分期

　　科学和技术史(History of Science and Technology)是通过科学和技术发展过程中的历史事实和条件,通过重大科学和技术成果的孕育、形成、发展、传播和影响,来探索科学和技术产生的过程、条件及其社会作用,来揭示科学和技术发展的一般规律的学科。[1]

　　这一学科与研究人类的具体发展过程及其规律的"历史学"有所不同。尽管科学和技术史也涉及对具体科学发现和技术发明的时间、地点、人物等基本事实的认定,但是它的研究目的是探索科学和技术发展的一般规律,即不仅要说明在人类认识和改造自然的过程中曾经发生过"什么",更重要的还在于说明"为什么"发生,从而形成对科学和技术创造过程的规律性总结,为当代科学和技术进步、人才培养提供方法论指导,并对未来的科学和技术发展规划提供有益的参考和借鉴。除此之外,从事科学和技术史研究对深入理解人与自然关系、培养正确的科学观念也具有重要意义。

　　本书旨在探讨中华民国时期浙江省科学和技术发展历程,希望通过区域性的科学和技术反映和印证我国一般的科学和技术特点,梳理历史,以飨现在和未来。

　　众所周知,近现代科学和技术发轫于西方,中国作为发展中国家之一,其科学和技术的发展轨迹与西方不尽相同。西方的科学和技术是在16—17世纪由其自身的文化和需要造就的,而中国的科学和技术则直到19世纪中后期才起步,是在引进西方科学和技术成果的基础上逐步发展起来的。到了20世纪初叶,随着中华民国的建立和留学人员的归来,中国科学和技术教育与研究才真正起步。如果说西方的科学和技术是西方政治、经济和

---

[1] 此概念由哈尔滨师范大学远东科技与社会发展研究所孙慕天先生定义。

文化等内部因素的产物,那么中国的科学和技术则主要依赖于外部因素,旨在通过科学和技术实现富国强民的理想。

中华民国时期是中国引进现代西方科学和技术的关键时期,而浙江省作为中国东南沿海省份,在民国时期无论是在留学生的数量、科学和技术教育,还是在科学和技术研究上都占有重要地位,并且体现了那一时期中国在发展科学和技术事业上的一般特点,这些特点包括以下方面。

(1)科研体制带动科学和技术研究

西方科学和技术体制直到19世纪才形成,是西方科学和技术自身发展的产物;而中国的科学和技术则借鉴了西方19世纪以后的研究模式,将科研体制建立在了研究之前。

清朝末期中国开始向外选派留学生,到了民国时期形成了更为洪大的留学浪潮,民国时期的科学家包括浙江籍者在内,几乎都有留学欧、美、日等国的经历。他们回国后主要从事科学和技术教育与研究工作,构成了当时中国科学技术体制的基础。

(2)自然科学和技术起点高

20世纪上半叶,西方科学和技术进入了新的发展时期,自然科学在天文学、物理学、化学、生物学、医学等领域取得了卓越成就,特别是物理学在攀上了经典时期的巅峰之后又开拓了微观和宏观研究。在技术领域,开始于19世纪下半叶的第二次技术革命方兴未艾,以新型能源和动力为核心的现代工业体系建立起来。民国时期中国的科学和技术一开始就继承了西方科学和技术的最新成果,开展了类似的基础研究,并优先采用电力、内燃机、电动机和其他机械,创建了新型的工业企业。

但是,一开始就建立在高起点上的自然科学和技术对于发展中国家来说未必是完美无缺的事。科学和技术的发展需要继承和积累,要求有相应的社会文化相匹配。对于发展中国家来说,在表面上可以通过有目的地引进而"拿来"外国先进科学和技术成果,但是在开展独立研究时所需要的方法论和与之相匹配的文化观念却需要自己来建设。因此,发展中国家开展科学和技术研究是一项任重而道远的事业,是对其传统文化加以考验和改造的过程。

(3)基础研究和应用研究并重

20世纪以来,西方的科学和技术紧密结合,彰显出物质财富创造的强大能力。而在中国传统文化中"重术轻学"现象严重,洋务运动时期仍然强调"中学为体,西学为用",民国初期同样为了富国强民的目标而片面强调技术层面的直接引进和应用,其结果就是有关国计民生的技术得到迅速传播,而基础研究投入有限。民国中期以后,随着中央研究院的建立和大学的发展,中国的基础研究才逐渐开展起来,浙江省也以浙江大学为核心建立了物理学、化学、遗传学等基础学科,既重视科学教育,又重视工业技术研究,促进了基础研究与应用研究的结合与提升。正是在这样的研究理念下,新中国成立后才有了科学和技术的快速发展。

然而在 20 世纪中期以后,由于政治和经济的需要,中国教育和科学界再次忽视了基础学科的建设,片面发展军事和工业技术,再现了基础研究投入不足、基础学科薄弱的局面。而在同一时期的西方,以基础研究为核心又发生了第三次科学技术革命,在能源、信息、生物技术等领域再次独领风骚,也使正在接近于西方水平的中国科学和技术再次落伍。

今天,我们已经意识到了基础研究与应用研究的紧密联系,也进一步认识到民国时期曾经拥有的良好风气的重要意义。我们应该重申当时的大学理念与科研精神,让它们能够再现出来,以推动中国当代科学教育和研究事业的发展。

英国科学史家李约瑟(Joseph Needham)曾经主持研究了中国古代文明史,他在研究中提出了一个意义深远的问题,即"为什么近代科学和技术没有在中国产生",这就是著名的"李约瑟难题"。在本书中,我们也关注一个与之类似的问题,即"现代科学和技术研究缘何在浙江省展开",具体说来:

第一,现代科学和技术究竟如何在浙江确立并开展了独立研究?

第二,为什么浙江能在民国时期涌现出那么多科学家,从而成为新中国科学和技术队伍的重要组成部分?

对这两个问题的追问恰恰是本书的研究动机。如果能通过本书的研究对这两个问题作出合理的解释,那么它对理解中国科学和技术的整体发展无疑具有重大意义。

第一节　民国时期浙江科学和技术的背景

民国时期浙江的科学和技术是在西方科学和技术进步的大前提和中国力图通过科学和技术实现富国强民的小前提下起步的,因此探讨民国时期浙江的科学和技术发展就必须首先关注当时的国际和国内形势,把浙江的科学和技术放在同时期的世界科学和技术体系中加以考察。

从国际上讲,20 世纪上半叶,以欧美为代表的西方科学、技术进入了新的发展时期。在自然科学领域,物理学经历了一场新的革命,相对论、量子力学的建立为人类开拓了宏观和微观研究。爱因斯坦(A. Einstein)[1]于1905年(光绪三十一年)发表了《论动体的电动力学》,突破了牛顿的绝对时空观,揭示了时间、空间、物质和运动之间的统一性,并把牛顿力学作为特殊现象包含在了新的理论中。1916年(民国5年),爱因斯坦又发表了《广义相对论基础》,说明了物理规律对于一切以任何形式相对运动的观察者来说都是一样的;物质存在的空间不是平坦的欧几里得空间,而是弯曲的黎曼空间;某一区域的空间弯曲曲率决定于该区域的物质质量及其分布状况;在引力场中的一切运动都要在时空中走最短路线,光线的路程要弯曲、时钟的走时要变慢。根据广义相对论,爱因斯坦提出了几个重要效应,即水星轨道的近日点进动、光线在引力场中的偏转、光谱线的红向移动,这些效应先后得到了验证。

1900年(光绪二十六年),普朗克(M. Planck)[2]为了克服经典物理学解释黑体辐射现象的困难,创立了物质辐射(或吸收)的能量只能是某一最小能量单位(能量量子)的整数倍的假说,即量子假说。1905年(光绪三十一年),爱因斯坦引进光量子(光子)概念,给出了光子能量、动量与辐射的频率和波长的关系,成功解释了光电效应。1913年(民国2年),玻尔(N. Bohr)[3]在卢瑟福(E. Rutherford)[4]的有核原子模型的基础上建立了原子的量子理论。1923年(民国12年),德布罗意(L. V. de Broglie)[5]提出了微观粒子具有波粒二象性的假说,认为正如光具有波—粒二象性一样,实体的微粒(如电子、原子等)也具有这种性质,这一假说不久即为实验所证实。由于微观粒子具有波—粒二象性,所以其所遵循的运动规律就不同于宏观物体的运动规律,描述微观粒子运动规律的量子力学也就不同于描述宏观物体运动规律的经典力学。当粒子的大小由微观过渡到宏观时,它所

---

〔1〕 爱因斯坦(1879—1955),德裔美国理论物理学家,创立的狭义和广义相对论使现代关于时间和时间性质的观点发生了突破性进展,并对原子能的利用提供了理论基础,因其对光电效应的解释获得了1921年诺贝尔物理学奖。

〔2〕 M.普朗克(1858—1947),德国物理学家,量子论的奠基人,1900年在黑体辐射研究中引入能量量子,由于这一发现获得1918年诺贝尔物理学奖。

〔3〕 玻尔(1885—1962),丹麦物理学家,哥本哈根学派的创始人。1913年发表长篇论文《论原子构造和分子构造》,创立了原子结构理论,1922年获诺贝尔物理学奖。

〔4〕 卢瑟福(1871—1937),英国物理学家,1907年发现了以 α 粒子的散射实验为基础建立的"含核原子模型",1908年获得诺贝尔化学奖。

〔5〕 德布罗意(1892—1987),法国物理学家,1924年发表了电子波动论文,解决了原子内的电子运动问题,因此获得1929年诺贝尔物理学奖。

遵循的规律才由量子力学过渡到经典力学。1925 年(民国 14 年),海森堡(W. Heisenberg)[1]基于物理理论只处理可观察量的认识,抛弃了不可观察的轨道概念,并从可观察的辐射频率及其强度出发同玻恩(M. Born)[2]、约尔丹(P. Jordan)[3]一起建立了矩阵力学。在量子力学中,粒子的状态用波函数描述,它是坐标和时间的复函数,为了描写微观粒子状态随时间变化的规律,需要找出波函数所满足的运动方程。这个方程是薛定谔(E. Schroumldinger)[4]在 1926 年(民国 15 年)找到的,被称为薛定谔方程,由此建立了波动力学,其后还证明了波动力学与矩阵力学的教学等价性。1927 年(民国 16 年),海森堡提出测不准关系,玻尔提出了并协原理,对量子力学作出了进一步阐释。

以相对论和量子力学为标志的现代物理学革命带动了西方化学、生物学、天文学、地球科学的进步,促进了量子化学、分子生物学、粒子物理学、现代宇宙学等新兴学科的产生。1912 年(民国元年),德国气象学家、地球物理学家阿尔弗雷德·魏格纳(A. Wegener)提出了大陆漂移学说,并在 1915 年(民国 4 年)发表的《大陆和海洋的形成》中加以发展和完善。由于这一学说不能很好地解释漂移的机制,曾受到地球物理学家的反对;但在 20 世纪 50 年代中期至 60 年代,随着古地磁与地震学、宇航观测的发展,一度沉寂的大陆漂移学说又获得了新生,并为板块构造学奠定了基础。在化学领域,1927 年(民国 16 年),海特勒(W. Heitler)[5]和伦敦(F. London)[6]将海森堡的共振理论应用于氢分子的共价键,证明了电子自旋函数的稳定性,奠定了量子化学的基础。1928 年(民国 17 年),鲍林(L. Pauling)[7]把海特勒—伦敦方法应用于化学键,并于 1934 年(民国 23 年)发表了关于化学键的工作,证明了这些键的稳定性。

---

〔1〕　海森堡(1901—1976),德国著名物理学家,于 20 世纪 20 年代创立了量子力学,1932 年因测不准原理而获得诺贝尔物理学奖。

〔2〕　玻恩(1882—1970),德国理论物理学家,1920 年以后,对原子结构和它的理论进行了研究,和海森堡、约尔丹等人用矩阵研究原子系统的规律,创立了矩阵力学,因此获得 1954 年诺贝尔物理学奖。

〔3〕　约尔丹(1902—1980),德国理论物理学家,1925 年与 M. 玻恩共同发展了量子力学,为量子力学理论系统化做出了巨大贡献。

〔4〕　薛定谔(1887—1961),奥地利物理学家,1926 年,提出用波动方程描述微观粒子运动状态的理论,后称薛定谔方程,奠定了波动力学的基础,与狄拉克共获 1933 年诺贝尔物理学奖。

〔5〕　海特勒(1904—1981),德裔美国物理学家。

〔6〕　伦敦(1900—1954),美籍波兰物理学家。

〔7〕　鲍林(1901—1994),美国化学家,因其研究化学键性质的成就而获得了 1954 年诺贝尔化学奖,1962 年又因其在裁军方面所付出的努力而获得了诺贝尔和平奖。

现代物理学和化学方法向生物学渗透,促进了分子生物学的诞生。摩尔根(T. H. Morgen)[1]在 19 世纪孟德尔(J. G. Mendel)[2]的"分离规律"和"自由结合规律"的基础上,用果蝇实验建立了遗传的染色体系,开创了现代遗传学。从 1902 年(光绪二十八年)起,这一研究领域提出了蛋白质的多肽结构学说,发现了核糖核酸(RNA)和脱氧核糖核酸(DNA),提出了生命起源假设;1944 年(民国 33 年),证实 DNA 是遗传信息的载体;1953 年,沃尔森(J. D. Watson)和克里克(F. H. C. Crick)[3]提出了 DNA 的双螺旋结构模型。

在技术领域,随着以能源、动力为主导的第二次技术革命成果的推广,欧美国家形成了以电、煤炭、石油为主要能源,以内燃机、电动机、汽轮机为主要动力,以钢铁为主要结构材料的工业技术体系。以经典电磁理论为依据的早期通信技术也发展起来,汽车、飞机、无线电通信技术成为了当时的核心技术内容。汽车工业还带动了石油、钢铁、橡胶、玻璃等生产部门的发展。在第二次技术革命的基础上,现代技术又向第三次技术革命迈进。量子力学促进了原子能技术的发展,无线电电子学和数理逻辑促进了电子计算机技术的发展,系统论、信息论和控制论促进了自动控制技术的发展,空气动力学、热力学、材料学、电子学、医学以及喷气推进技术、自动控制技术、真空技术等多种理论促进了航天技术的发展。

总之,20 世纪上半叶是西方科学和技术实现巨大跨越的时期,欧美主要国家的劳动生产力得到了迅速提高,其政治、经济和文化也发生了深刻变革。

与此同时,中国则刚刚处于对西方科学和技术的引进和推广阶段。西方的科学观念和方法在清朝末年的"救亡图存"的民族大业中逐渐被中国人所接受,并希望通过学习和掌握西方的科学和技术来改善中国的政治、经济和文化状况,进而达到振兴民族的目的。

这一思想可以追溯到 19 世纪 40 年代。第一次鸦片战争使中国人看到

---

〔1〕 摩尔根(1866—1945),美国实验胚胎学家、遗传学家,证实了孟德尔的两个遗传规律,证明了染色体是基因的载体,发现了遗传学的第三个基本规律——基因连锁互换规律,发现了基因呈直线排列,并找到了基因的定位方法。

〔2〕 孟德尔(1822—1884),奥地利科学家。1856—1863 年在修道院的园地上用豌豆进行杂交试验,总结出两条遗传规律,即分离规律和自由组合规律。

〔3〕 沃尔森(1928—),美国生物学家;克里克(1916—2004),英国生物学家。1949—1953 年,两人在剑桥大学卡文迪许物理学实验室合作,提出了 DNA 双螺旋结构模型。1962 年,克里克、沃尔森和威尔金斯一起获得了诺贝尔生物学和医学奖。

了西方技术的力量,以林则徐、魏源为代表的进步人士开始有意识地对这种力量加以引进。魏源在《海国图志》中提出了"以夷攻夷"、"以夷款夷"和"师夷长技以制夷"的观点[1],但是这些观点在当时只局限于对西方技术的引进和模仿,包括制造战舰、火器,改革军队、战术,还没有触及到自然科学的基础研究,也没有得到清政府的重视。

直到第二次鸦片战争爆发,清政府才被迫正视西方,以曾国藩、李鸿章、张之洞等人为代表的洋务派在"自强"、"求富"的口号下开始引进西方技术,以官办和官督商办的形式兴办了 50 多个工矿企业,使中国人仿制出了第一台蒸汽机(1862 年,同治元年)、第一艘机动轮船(1865 年,同治四年)、第一辆蒸汽机车(1881 年,光绪七年)和第一批工作机。[2] 伴随着近代军事和民用工业,还开创了近代科学教育。1862 年(同治元年)创立了京师同文馆,不仅讲授英、法、俄、德、日等国语言文字,还鉴于西方各国科学和技术的发展、中国军事武器制造的需要,在 1866 年(同治五年)加设算学馆,将西方近代自然科学的一些门类列入课程,如算学、化学、医学生理、天文、物理、万国公法等;1866 年(同治五年)创立的福州船政学堂也开设了算术、代数、几何、三角、物理、化学、机械制图和机械操作等课程;1880 年(光绪六年)创立的天津水师学堂也开设了算学、地舆图说、几何原本、代数、测量天象、重学、化学等课程;其他如上海机器学堂(1865 年,同治四年)、江南水师学堂(1890 年,光绪十六年)等莫不如此。

但是,在"中体西用"思想下,中国对西方科学和技术的引进尚缺乏系统性。1894 年(光绪二十年)9 月,甲午中日战争爆发,洋务派苦心经营了十余年的新式陆军和北洋舰队一败涂地,宣告了中国人仅从器物层面学习西方的失败。

之后,中国又形成了"教育救国"的思想。张之洞认为,一个国家能否长治久安和持续发展,关键在于人才。1895 年(光绪二十一年),他在《吁请修备储才折》中提出了"广开学堂"的建议。康有为则更加明确地把教育作为"救亡图存"的根本手段,在其写作的《大同书》和《长兴学记》中引用了不少近代资本主义国家科学教育的内容,提出了西方"炮、舰、农、商之本,皆由工艺之精奇,皆由实用科学及专门业学为之"[3]的结论。"戊戌维新"运动还对西方科学和技术进行了广泛介绍,引进了伦理学、社会

---

〔1〕 (清)魏源.海国图志(卷一之二).光绪二季平庆泾固道署重刊,原序一页.

〔2〕 董光璧.中国近现代科学技术史论纲.长沙:湖南教育出版社,1991:65.

〔3〕 汤志君.康有为政论集(上).北京:中华书局,1981:370—371.

学、进化论等思想。

在中国现代学术启蒙上,不能忽略严复所起的重要作用。他在《论世变之亟》中探讨了中国落后于西方的原因,他说:"今之称西人者,曰彼善会计而已,又谓彼擅机巧而已。不知吾兹之所见所闻,如汽机兵械之伦,皆其形下之粗迹,即所谓天算格致之最精,亦其能事之见端,而非命脉之所在。其命脉云何?苟扼要而谈,不外于学术则黜伪而崇真,于刑政则屈私以为公而已。"[1]严复提出,中国要摆脱民族危机、走上富强兴旺的道路,就必须从根本上效法西方,既学习西方的自然科学和政治学说,又实行资本主义政治制度和经济政策。他翻译了《天演论》、《原富》、《法意》、《名学》、《名学浅说》、《群学吴寻聿言》、《社会通诠》等近代西方著作,向中国人展现了一个由进化论、民主思想、法制学说、科学方法论等内容构成的崭新的社会图景。同时他还强调,"凡学必有因果公例,可以教往知来者,乃称科学"[2]。于是,科学的形象不再仅是物化的形态,其精神价值在中国人心目中有了提升。

虽然"戊戌维新"运动最终失败了,"教育救国"的主张亦随之破产,但是其重视教育,特别是重视科学教育的主张和实践则对后世产生了积极影响。1903年(光绪二十九年),张百兴、荣庆、张之洞等人奏定各级学校章程,使清政府于1904年(光绪三十年)1月颁布了"癸卯学制"(即《奏定学堂章程》),废除了科举制度,把科学教育充实到了各级学校教育中,这是中国教育体制中的重大变革。时至1911年(宣统三年),中国大专院校已达100余所,在校学生4万人,数万人出国留学,形成了留学高潮。1908年(光绪三十四年),光绪帝又钦定《宪法大纲》给臣民集会结社的自由,使学会迅速发展起来,到清末一度发展到600多个。虽然这些学会大多是会党性的,但是其中也不乏科学和技术学会,如算学会、农学会、测量学会、医学会、地理学会等,它们对于科学、技术思想的传播是很有益的。

正是在西方科学和技术发展的大背景和中国科学教育和人才培养的需求下,位于中国东南沿海的浙江省也开始了科学和技术探索的历程。在民国时期有了地质、气象、生物、物理、化学、数学、医学、农业科学、生产技术等领域的教育和研究,并做出了一些不乏国际水平的研究成果,如地质学、生物学、气象学和数学等。

---

〔1〕 王栻.严复集(第一册).北京:中华书局,1986:2.

〔2〕 王栻.严复集(第一册).北京:中华书局,1986:125.

第二节　民国时期浙江科学和技术的体制化

1911 年(宣统三年)10 月 10 日,武昌起义爆发,宣告了清王朝在中国统治的结束。11 月 5 日,浙江军政府成立,浙江进入了新的发展时期。

浙江军政府采取了一系列发展经济的措施,孙中山亦三次考察浙江,宣传三民主义,阐述建国方略。此外,第一次世界大战期间,帝国主义忙于战事,相对放松了对中国的控制,中国人亦掀起了抵制洋货和提倡国货的运动,使浙江的民族经济得到了一定程度的发展,由此促进了浙江科学教育和研究事业的发展,逐步实现了体制化。

总结这一时期浙江省科学和技术的体制化,大致可以归结为以下几个方面。

一、浙江科学教育和研究的主体

"戊戌维新"运动失败后,清政府迫于形势,增加了对留学生的遣派。1899 年(光绪二十五年),派往东、西各国的留学生共 64 人,学习时间也延长到 6 年。1900 年(光绪二十六年),八国联军入侵北京,鉴于朝野的自强决心,留学生的数量继续膨胀,特别是东渡日本的留学生急剧增多,1900—1906 年(光绪二十六至三十二年)达到了万人以上,其中 1906 年(光绪三十二年)滞留在日本的中国留学生就有 7000 多人。

1908 年(光绪三十四年)5 月,美国国会通过法案,授权罗斯福总统退还中国"庚子赔款"的剩余部分共计 11961121.76 美元。1909 年(宣统元年)5 月,清政府外务部、学部按照中美双方协议规定的退还办法,会奏《派遣学生赴美拟定办法折》,决定由中国方面从该年起"初四年每年派遣学生约一百名赴美游学。自第五年起,每年至少续派学生五十名"。这就是所谓的"庚款留美生",他们中"以十分之八习农、工、商、矿等科,以十分之二习法政、理财、师范诸学"。各省选送学生"参酌省份大小、赔款多寡,以及有无赔款,斟酌衷益、定为数额"。为了配合出国人员的培训,还设立了游美学务处,附设肄业馆[1]，负责留学生的选派工作。同年，中国政府向美国派送了第一批庚子赔款学生 47 名，1910 年（宣统二年）派送了 70 名。据统计，1909—1924 年（宣统元年至十三年）共有 689 人到美国留学，截止到 1929 年（民国 18 年）总数达到 1268 人。叶企孙（物理）、吴有训（物理）、胡明复（数学）、梅贻琦（电机）、何杰（地质）、周仁（冶金）、高士其（生物）、竺可桢（地理、气象）、侯德榜（化学）、张钰哲（航空）、钱学森（航空）、钱伟长（力学）、梁思成（建筑）、张光斗（水利）等科学家都是著名的庚款留美学生。[2] 这笔款子本来是美国政府希望改善美中关系而采取的一个步骤，而它的另一个结果却创造了一个支持中国高等教育的机制。随后，英、日、法等国也纷纷效法，将退回的部分庚款用于兴办中国高等教育。

从当时留学生选学的科目上看，理工科占了绝大多数。早在 1899 年（光绪二十五年），总理衙门就曾命令"嗣后出洋的学生应分入各国农工商各学堂，专门肄业，以便回华后传授"。1908 年（光绪三十四年）还规定，官费留学生必须是理工科。庚款留美生也限定了十分之八学习理、工、农、商各科。辛亥革命后也大致如此。根据 1916 年（民国 5 年）的统计，官费留学生中理工类学生占到 82%。[3] 1928 年（民国 16 年），国民政府公布的教育部组织法中也强调要注重应用科学人才的培养，使学习自然科学的人数再次提升。

这些留学生中的大部分人在学业结束后即回国，首先充实到了教育界。浙江宁波人何育杰于 1904 年（光绪三十年）先后在英国维多利亚大学、曼彻斯特大学就读，曾在著名的原子核物理学家卢瑟福的指导下学习物理，1909 年（宣统元年）回国后，先后在京师大学堂和宁波效实学校[4]讲授物理学。1917（民国 6 年），他在《北京大学月刊》第 1 期上发表了《X 线与原子内部构造之关系》一文，向国人介绍近代物理学的新进展；1920 年（民国 9 年），又

---

〔1〕 1911 年 3 月改称清华学堂。由于有美国赔付庚款的支持，清华学堂实验设备充实，图书资料丰富，并拥有一批在国外受过科研训练、学有所长的教师，从而在算学、物理、化学等领域领先于国内水平。1926 年清华的预科地位结束，改组为达到学士学位的四年制的大学。1928 年，国民政府将其定名为"国立清华大学"。

〔2〕 杜石然等.中国科学技术史稿.北京:科学出版社,1982:298;邵祖德等.浙江教育简志.杭州:浙江人民出版社,1988.

〔3〕 杜石然等.中国科学技术史稿.北京:科学出版社,1982:198—299.

〔4〕 效实学校是何育杰在 1911 年在宁波与当地知名人士一起发起并组织的私立中学，于 1912 年 3 月 7 日正式开学，共招学生 50 人，按程度分成三级，何育杰讲授物理、数学、英语三个学科。

在上海翻译了《自然之机构》和《物质与量子》[1]等著作,传播相对论、量子论,为介绍 20 世纪物理学的做出了贡献。

统计 1918 年(民国 7 年)编造的《国立北京大学教员履历表》可见,在其 223 名教员中,留学出国者 145 人;在北京大学理工科教员中,几乎是清一色的归国留学生。[2] 随着留学生回国,中国大学原有的外籍教师逐渐被中国人所取代。

同时,从欧美学成归国的留学生也构成了中国最早的科学和技术研究队伍,促进了中国科学和技术各个门类的建立。据统计,在国立中央研究院第一届 81 名院士中有 77 名接受过留学教育,占院士总数的 95%;而在留学归国的院士中又以留学美国者居多,占 60.5%,再加上欧洲诸国留学生,占到了 89%。而在中国科学院 1955 年的 172 名院士中,接受过留学教育的人员比例高达 92%,其中留学美国的院士占院士总数的 51%。1957 年增补的 18 名院士中接受过留学教育的比例达到 89%,其中留学美国的院士占到 50%。加上曾经留学欧洲的院士,这两届留学美欧的专家均占院士总数的 80% 左右。[3]

浙江省近代留学教育肇始于 19 世纪 70 年代。1871 年(同治十年),经清政府批准,遴选了 120 名幼童,由陈兰彬等人率领,从 1872 年(同治十一年)起派遣出国,这是中国的第一批留学生,其中包括浙江省的首批留学生。

浙江省独立派遣留学生则是从 1898 年(光绪二十四年)"戊戌维新"期间开始的,留学国别包括日本和欧美各主要国家。同年 4 月,浙江求是书院选派何燏时、钱承志、陈榥、陆世芬等 4 人赴日留学,这是浙江省官费派出的第一批学生。1903 年(光绪二十九年),浙江留日学生共计 119 人。1905 年(光绪三十一年)3 月,浙江举行了第一次留学日本考试,考选 100 名学生赴日本早稻田大学师范科学习。1908 年(光绪三十四年),浙江省留日学生达到 166 人。民国时期,1912—1915 年(民国元年—民国 4 年),浙江省留日毕业生共计 197 人。1924 年(民国 13 年)2 月,中国驻日公使汪荣宝与日本对华文化事务局局长出渊胜次商订日本对华文化事业协定,其中规定:日本政府在向中国索取的"庚子赔款"中拨出若干经费,用来扶持对华文化事业,其中一部分用于资助中国留学生,设置庚款补助费生名额共 320 人。同年

〔1〕 原著者为 E. N. de C. 安德雷德(Andrade),L. 因费耳德(Infeld)。上海商务印书馆于 1936 年将这两本书列入"自然科学小丛书"中出版。

〔2〕 王奇生. 近代留学生与中国科学事业. 神州学人,1998(3):40.

〔3〕 白云涛. 留学生与中国院士的计量分析. 徐州师范大学学报(哲学社会科学版),2004,30(3):10—11.

3月,北洋政府教育部公布《庚款补助留日学生学费分配办法》,规定支给此项学费的学生数为 320 人,浙江省分配到了 22 个名额。此后,浙江省留日学生中每年都有 22 人享受此项补助。

中国近代最早的留欧学生是由福州船政学堂于 1875 年(光绪元年)派出的。船政学堂招生以闽、粤、浙、沪等地为主,曾派出的 73 人中就有浙籍学生,他们是浙江省最早的赴欧留学生。1908 年(光绪三十四年)7 月,浙江举行了第一次留学欧美考试,考选学生 24 名;1911 年(宣统三年)9 月,举行第二次留学欧美考试,考选学生 20 名,全部派赴欧洲。据 1910 年(宣统二年)统计,在英国学习的浙籍留学生 15 名,在法国学习的浙籍留学生 3 人,在德国学习的浙籍留学生 11 人。从学习科目上看,上述 29 人中工科 8 人、农科 2 人、理科 3 人、医科 1 人、军工 2 人。民国时期,1913 年(民国 2 年),浙江省留欧学生共 18 人,其中德国 9 人、法国 3 人、英国 4 人、比利时 2 人。1919—1924 年(民国 8—民国 13 年),浙江省自费留欧学生共 18 人,其中工科 3 人、理科 1 人、医科 9 人。此外,1921 年(民国 10 年),中国赴法勤工俭学者共计 1700 余人,其中浙籍学生 85 人。

浙江赴美留学生主要是考取美国退还"庚子赔款"的官费生。清政府学部于 1909—1911 年(宣统元年至三年)举行了三届留美学生甄别考试,第一届甄别考试浙江省录取 9 人,占全国录取总人数 47 人的 19.1%;第二届甄别考试浙江省录取 14 人,占全国录取总人数 70 人的 20%;第三届甄别考试浙江省录取 7 人,占全国录取总人数 63 人的 11.1%。[1] 民国时期,1913—1916 年(民国 2—民国 5 年),浙江籍学生考取清华庚款留美者计 37 人,其中工科 14 人、理科 2 人、医科 2 人、农科 1 人。1918—1924 年(民国 7—民国 13 年),浙江省还有自费留美学生计 28 人,其中工科 11 人、理科 3 人。[2]

一些中国留学生在国外学习期间就做出了科学成果,如正负电子对湮灭的早期实验、恒星光谱型与温度关系的认证、铀核三裂变的发现、μ 粒子的发现、植物呼吸酶的发现、验证中微子存在的实验方案、上临界马赫数概念、行星波不稳定性概念、水的三相点的测量、联合制碱法等。这些留学生回国后也促进了中国科学的进步,在地质学、生物学和古人类学等本土科学方面就有中国地质图的绘制、中国植物图谱的编撰、水杉植物的发现、北京猿人的发现、地质力学的创立以及传统科学遗产的整理等。这些研究成果

---

〔1〕 根据《中国教育通史》第五卷有关民国时期留学教育的资料统计得出. 毛礼锐,沈灌群. 中国教育通史. 济南:山东教育出版社,1988.

〔2〕 邵祖德等. 浙江教育简志. 杭州:浙江人民出版社,1988.

不仅对中国科学具有重要价值,对于世界而言,关于中国资源的分布和文化遗产的研究也是不可缺少的部分。

于是,归国留学生成为了浙江省科学和技术的精英。1926 年(民国 15 年),竺可桢研究中国气候的历史变迁取得了重要成就,提出了中国气候的脉动说;1933 年(民国 22 年),茅以升领导建设了钱塘江大桥;20 世纪三四十年代,陈建功在三角级数、苏步青在微分几何学、王淦昌在量子力学等领域都取得了世界级成就。1927 年(民国 16 年)浙江大学恢复后,大批留学生又在浙江大学集结,形成了浙江基础研究的核心力量。

二、科学共同体的建立与科学的体制化

西方的科学和技术体制化是从 1660 年(顺治十七年)英国皇家学会的成立开始的;1666 年(康熙五年),法国科学院的建立标志着职业科学家的出现;19 世纪初,以柏林大学为首出现了教学与科研相结合的新型大学;1876 年(光绪二年),美国约翰·霍普金斯大学率先成立了研究生院,开始了科学和技术人才的专门培养;19 世纪中期以后,西方工业实验室的出现进一步促进了科学、技术与生产的结合。

而在中国,科学和技术体制形成于民国时期。20 世纪 10 年代以后,随着留学生回国并充实到大学之后,在大学设置了地理、生物、物理、化学、数学等科系,并成立了相应的学术共同体,如 1909 年(宣统元年)成立了中国地学会(天津),1912 年(民国元年)成立了中华工程学会,1915 年(民国 4 年)成立了中国科学社,1916 年(民国 5 年)成立了丙辰学社和中央地质学研究所,1922 年(民国 11 年)成立了中国科学社生物学研究所,1923 年(民国 12 年)成立了黄海化学工业研究所,1928 年(民国 17 年)成立了中央研究院,1929 年(民国 18 年)成立了北平研究院等。在这些学会中,中国科学社和中央研究院是最突出的。

图 1-1　任鸿隽

1912 年(民国元年)末,任鸿隽[1](见图 1-1)留学于美国康奈尔大学文理学院,主修化学和物理学。1914 年(民国 3 年)第一次世界大战爆发前夕,任鸿隽与胡达(后改名胡明复)、赵元任、秉志、周仁、杨铨

---

〔1〕 任鸿隽(1886—1961),字叔永,四川省垫江县人,中国现代科学家和教育家,中国现代科学建制化的开路先锋和科学思潮的先导者之一。

等留学生思考如何为祖国效力。他们看到当时欧美各国的实力都是应用科学和技术的结果,科学思想在西方的学术、思想、行为方面都起到了重要作用。于是,他们希望把科学介绍到中国,决定仿效 *Nature* 创办一份专门向中国人宣传科学的杂志(即《科学》杂志,见图1-2)。为了创办这个刊物,他们发起成立了"科学社"。不到几个月时间,科学社招募了70余人,筹集股金500余元,稿件也凑足三期的数目。于是在1915年(民国4年)元月,《科学》杂志创刊了。

图 1-2 《科学》杂志书影

《科学》杂志在发刊词里提出:"世界强国,其民权国力之发展,比与其学术思想之进步为平行线,而学术荒芜之国无幸焉。"回顾"百年以来,欧美两洲声明文物之盛,震烁前古。翔厥来原,受科学之赐为多。"因此,"继兹以往,代兴于神州学术之林,而为芸芸众生所讬命者,其唯科学乎,其唯科学乎!"

《科学》杂志发行后不久,科学社的成员便认识到:要谋中国科学之发达,单单靠发行一份杂志是不够的,因此提出改组学会的建议。1915年(民国4年)10月,任鸿隽、胡明复、秉志、赵元任等人在美国通过了社章草案,正式成立了"中国科学社"(Chinese Associ-ation for the Achievement of Science),任鸿隽当选为第一届董事会会长(中国科学社社长)。[1]

中国科学社作为一个民间学术团体,最初以英国皇家学会为楷模,除了介绍科学思想外还注重科学研究,为公众事业服务,其宗旨是:"联络同志,研究科学,以共图中国科学之发达。"[2]1918年(民国7年)秋,任鸿隽等留学生先后学成归国,《科学》杂志编辑部亦迁回国内,办公地点先设在南京,后转到上海,抗战期间迁到了重庆。

《科学》杂志从1915年(民国4年)创刊到1950年停刊,共刊出32卷,每卷12期,近400多期。为了推进科学普及工作,中国科学社还在1933年(民国22年)创办了《科学画报》,刊印了多部论文专刊,出版了"科学丛书"

---

〔1〕 任鸿隽.中国科学社社史简述.科学救国之梦——任鸿隽文存.上海:上海科学技术出版社,2002:14,18.

〔2〕 任鸿隽.中国科学社社史简述.科学救国之梦——任鸿隽文存.上海:上海科学技术出版社,2002:724.

和"科学译丛"两套影响深远的丛书。在上海和南京创办图书馆,收藏了大量中外文科学图书、杂志和学报供公众阅读。

到了1919年(民国8年),中国科学社的活动已经成为中国科学活动的缩影。中国科学社与其他专业学会之间存在着一种不成文的、但确实类似于总会与分会的关系,如地质研究会的领导人丁文江[1]、中国植物学会的领导人胡先骕[2]均为中国科学社的骨干。因此,中国科学社在当时实际代表了中国科学界的形象,它不仅标志着中国知识分子已经自觉地肩负起了发展科学的重任,也标志着中国科学体制化的开端。其具体表现如下:

第一,在科学教育上,中国科学社的成员绝大多数在全国各大学任教,对推动中国现代科学教育做出了贡献。

第二,在科学研究上,中国科学社设立了各个科学研究所施行实验,以求学术、工业和公益事业的进步,其中的楷模是1922年(民国11年)在南京设立的生物研究所。秉志担任了生物研究所的第一任所长,研究所分为动物所和植物所两个学部,秉志担任动物学部主任,胡先骕任植物学部主任,集中于中国动、植物品种的调查和分类研究,同时进行一些生物解剖、生理和生化研究,出版了《中国科学社生物研究丛刊》,1922—1942年(民国11—民国31年)刊载了动物方面的西文研究论文112篇,包括动物分类、解剖、生理、营养化学等;刊载植物学方面的论文100多篇,都属于分类学。中国科学社生物研究所还派生了北平静生生物调查所(1928年,民国17年)、中央研究院自然历史博物馆(1928年,民国17年)、北平研究院动物和植物研究所(1929、1930年,民国18、19年)、中国西部科学院生物研究所(1930年,民国19年)等机构,它的创立是中国生物学发展的里程碑。[3]

第三,中国科学社多次举办科学展览,举行科学报告会,设立奖金鼓励青年科学家研究著述,组织中国科学家参加国际会议,为社会各界提供科学咨询,创办科学图书仪器公司推进科技图书和仪器制造业的发展,它的影响一度遍及全中国。

这些科学活动不仅促进中国创建了许多现代新学科,而且造就了一大批科学和技术专家,如侯德榜、竺可桢、茅以升、李四光等。他们都曾以科学社团的形

---

〔1〕　丁文江(1887—1936),字在君,江苏泰兴人,中国地质事业的创始人之一。

〔2〕　胡先骕(1894—1968),号步曾,江西新建人,植物分类学和古植物学家。1912年赴美留学,获哈佛大学博士学位,回国后曾任南京高等师范学校、东南大学、北京大学、北京师范大学等校教授和中正大学校长,中央研究院评议员和院士。曾与秉志一起创办静生生物调查所和中国科学社生物研究所,并创建庐山植物园,为发展我国动植物分类学创造了条件。

〔3〕　汪子春.中国近现代生物学发展概况.中国科技史料,1982,9(2):18—21.

式推进了中国的科学事业。在 1926 年(民国 15 年)召开的第三次太平洋科学会议(东京)上,中国科学社被视为中国科学界的代表而得到了国际承认。

如果说中国科学社的创立标志着中国科学技术体制化的开端,那么 1928 年(民国 17 年)中央研究院的成立则是中国科学技术体制化的实现。

在中国科学社活动期间,任鸿隽就曾言:"研究精神固属于个人,而研究之进行,则有待于共同组织。盖科学之为物,有继长增高之性质,有参考互证之必要,有取精用宏之需要,皆不能不恃团体以为扶植。是故英之皇家学会,法之科学院,成立于科学萌芽之时,时即科学发生之一重要条件。盖科学精神为科学种子,而研究组织则为培养此种子之空气与土地,二者缺一不可也。"[1] 西方科学史也表明,虽然其科学之初并非是体制化的事业,但 19 世纪中期以后却促进了科学、技术的体制化,并在 20 世纪越来越有力地推动了科学和技术的进步。中国作为科学和技术的后起国家,面对的是西方趋于成熟的体制化的研究,自然把这种既成的模式作为了自己的首选。

1924 年(民国 13 年),孙中山在国民会议上就讨论过民主革命与国家建设的重大问题,其中就有建立最高国家学术研究机构的设想。1927 年(民国 16 年),南京国民政府决定成立中央研究院筹备处。1928 年(民国 17 年)4 月,蔡元培[2] 被任命为中央研究院院长(见图 1-3),6 月 9 日召开了中央研究院第一次院务会议,标志着中央研究院的正式成立。根据"中央研究院组织法",确定中

图 1-3　蔡元培任中央研究院院长的委任状

央研究院为全国学术研究的最高机关,其任务是:第一,实行科学研究;第二,指导、联络、奖励学术之研究。在这一宗旨下,中央研究院的组织机构由行政管理机关、研究机关和学术评议机关三部分组成。研究机关下设研究所,研究范围包括自然科学和社会科学两大方面,有数学、天文、气象、物理、化学、地质、生物、医学、心理、工程技术、历史、语言、经济、法律、民族、社会学等学科。[3]

〔1〕 任鸿隽.中国科学社之过去及将来.科学救国之梦——任鸿隽文存.上海:上海科学教育出版社,2002:281—282.

〔2〕 蔡元培(1868—1940),浙江绍兴人,民主主义革命家和教育家,曾任南京临时政府教育总长,北京大学校长,南京国民政府大学院院长、司法部长和监察院长、中央研究院院长等职,著有《蔡元培教育文选》《蔡元培教育论著选》等。

〔3〕 林文熙.中央研究院概述.中国科技史料,1985(2):21—28;董光璧.中国近现代科学技术史论纲.长沙:湖南教育出版社,1991:68—72.

中央研究院在成立后的 20 年中,研究成果斐然。天文学研究所着重于天体方位和形态的观测,如变星、彗星、太阳黑子和日食的观测,同时进行历书的编纂与标准时间的发布;物理研究所制造了不少供教学使用的仪器,进行了有关电学、磁学、光学等方面的研究,后期还计划了原子物理学、金属学、结晶学、超短波的研究;化学研究所研究分子光谱、性激素、中药的化学成分、化学玻璃的性质和平阳钒矿的利用;地质研究所创立了地质力学理论,发现了我国第四纪冰川遗迹,其中地质调查所研究了中国南方的金属矿藏,还采集研究了大量古生物化石;动物研究所着重于鱼类生物学、昆虫学、寄生虫学、原生动物学和实验动物学的研究,并对山东海洋的物理化学性质和浮游生物进行了调查;植物研究所进行了高等植物分类学、藻类学、真菌学、森林学、植物生理学、植物形态学、植物病理学及细胞遗传学的研究;气象研究所观测并研究中国气候变化,并对中国地震、地磁变化进行了研究;医学研究所筹备处开展神经肌肉系统生理研究和抗异生素、营养、酵素化学研究;工学研究所进行陶瓷、玻璃、钢铁、棉制品的实验、试制与研究;数学研究所由于成立的时间短,还限于纯数学领域,如数论、级数论、微分几何、拓扑学和数理统计等。

中央研究院及时了解世界科学和技术的动态与信息,引导了国内学术研究的方向,还主动同国际同行交流,参加了太平洋科学会议、世界动力会议、国际地理学会议、国际天文会议、国际科学团体评议会等国际会议。

中央研究院为了奖励科学研究,分别在 1937 年(民国 26 年)和 1948 年(民国 37 年)设置了杨铨奖金、丁文江奖金和蔡元培奖学金。杨铨奖金授予人文科学类贡献者,丁文江奖金授予自然科学类贡献者,其中第一届丁文江奖为物理学家吴大猷获得。蔡元培奖学金设 50 名,分别授予北京大学、清华大学、中央大学、武汉大学、浙江大学、中山大学、交通大学的优秀学生。

总之,中央研究院作为中国第一个国家级的综合性科学研究机构,在民国时期担负着规划全国自然科学、技术研究和社会科学发展的重任,是当时中国科学、技术规划与研究从中国科学社那样的"民间模式"向"政府模式"转换的标志。这种体制不仅有利于全国性科学技术规划的制订、科学发展目标的实施,而且有利于把有限的资源集中到国家的重大发展目标上。[1]中央研究院在中国现代科学和技术的规划和现代科学、技术队伍的建设上发挥了不可替代作用。

而民国时期浙江省的科学和技术人员也积极参与了中央研究院的事

---

〔1〕　林文熙.中央研究院概述.中国科技史料,1985,6(2):21—28.

业,如竺可桢担任了气象研究所所长(1928—1946 年,民国 17—民国 35 年);1944 年(民国 33 年),罗宗洛出任了植物研究所所长。截至 1948 年(民国 37 年),有 16 位浙江籍科学家当选为中央研究院院士。

除此之外,浙江省科学界还在杭州成立了诸多学术共同体的分会,如中国科学社杭州社友会(1919 年,民国 8 年)、中国工程师学会杭州分会(1925 年,民国 14 年)、中华医学会杭州分会(1932 年,民国 21 年)、中国化学会杭州分会(1935 年,民国 24 年)、中华自然科学社杭州分社(1936 年,民国 25 年)、科学时代社杭州分社(1946 年,民国 35 年)、中国科学工作者协会杭州分会(1948 年,民国 37 年)等。1934 年(民国 23 年),还在杭州成立了中国航空工程学会。

三、教育制度改革与浙江大学的创立

辛亥革命后,南京临时政府于 1912 年(民国元年)9 月公布了《壬子学制》,1913 年(民国 2 年)8 月又陆续颁布了各种学校规程,对新学制进行补充和修改,总称为《壬子癸丑学制》,其中规定高等教育阶段设大学本科 3 年或 4 年,预科 3 年;专门学校本科 3 年毕业(医科 4 年),预科 1 年。1912 年(民国 2 年),教育部公布的《大学令》中又规定:"大学以教授高深学术,养成硕学闳材,应国家需要为宗旨。"大学教育分文、理、法、商、医、农、工等 7 科。1922 年(民国 11 年)颁布《壬戌学制》,开始效仿美国教育模式确立了小学、初级中学、高级中学的修业年限为六年、三年、三年体制(六三三制),大学校修业年限为四至六年。《壬戌学制》彻底摆脱了传统教育的束缚,在培养各个层次的人才、适应社会和个人需要上更为合理,而且该学制更为简明、灵活,其总体框架便一直延续了下来。

1924 年(民国 13 年),教育部公布了《国立大学条例》,再次强调"国立大学"亦"以教授高深学术,养成硕学闳材,应国家需要为宗旨",还对学生入学、毕业、学位等重要事项做了规定。至此,中国的大学体制基本确立下来,与大学相联系的科学教育和科学研究亦随之形成,其中的典范是蔡元培领导下的北京大学。

1917 年(民国 6 年),蔡元培(见图 1-4)出任北京大学校长,强调了教学与科学研究的结合和文理通融,认为应用科学必须以基础科学为基础,基础科学则必须通过应用科学才能服务于实际;若使科学真正繁荣,还必须提倡学术自由,相互争鸣,共同发展。蔡元培一生关注科学和技术,对科学的社会功能深有体会,他大张旗鼓地主张吸收外国先进的科学文化,提出大学的

教学内容要对"世界的科学取最新的学说"[1]。
蔡元培在北京大学实施的改革有力地促进了科学
教育在中国的发展。

图 1-4　蔡元培

1927 年(民国 16 年)4 月 18 日,国民政府在
南京成立,4 月 25 日召开了第二次常委会议,任
命蔡元培、李石曾等为中央教育行政委员会委员。
5 月,蔡元培、李石曾、褚民谊三人被推为教育行
政委员会常务委员。蔡元培成为掌握当时中国教
育的实权人物,于是他开始在全国内实施他的"教
育独立"计划。同年 6 月,教育行政委员会起草了
《国民政府教育方针草案》,强调了科学教育的重
要性。1929 年(民国 18 年)3 月,在国民党第三次全国代表大会重要决议案
中正式通过了三民主义的教育方针和政策,即:使全国人在"人民之生活,社
会之生存,国民之生计,群众之生命上具备三民主义实际功用,……从而改
善教育制度,提高教育内容,以期养成国家所需要之国民及人材,而发展时
代所需要之科学与文化,然后所谓国家教育政策者,始为又健全充实之内容
也。……因此之故,吾人必须……从世界之实用科学之基础上建设高等教
育……"[2]从而在政策上把科学教育充实到了大学教育中,在大学开展科
学教育与研究并创办科学研究机构遂成为主流。

在浙江省,实施科学教育与研究的核心机构是浙江大学。浙江大学的
前身为 1897 年(光绪二十三年)创办的"求是学院"[3],1927 年(民国 16 年)
7 月,因实行大学区制[4],在杭州成立了国立第三中山大学,1928 年(民国
17 年)4 月改称浙江大学,7 月冠以"国立"两字,称国立浙江大学。1936 年

----

〔1〕　曲铁华.中国近现代科学教育发展嬗变及启示.东北师范大学学报(哲学社会科学版),
2000(6).

〔2〕　中华民国史档案资料汇编[第五辑·第一编·政治(二)].南京:江苏古籍出版社,1994:82.

〔3〕　有关"求是书院"的创办过程和演变将在本书第五章中详细介绍。

〔4〕　1927 年,国民政府在蔡元培的倡导下采取法国式的高等教育管理模式,以大学院取代教
育部,实验"大学院"和"大学区制",依省划分为若干大学区,按北伐进军的序次,命名为第一中山大
学(广东)、第二中山大学(湖北)、第三中山大学(浙江)、第四中山大学(江苏)。大学区制实施后,受
到多方非难,尤以南京第四中山大学改称的中央大学区,受教育界攻击更力。他们反对的理由是,
大学区制不仅不能使行政机构学术化,反而使学术机构官僚化;不仅不能提高效率,反而降低效率;
最大的缺点还在于,它专顾大学而忽视基础教育中的中小学。其实这些攻击的实质是,这种教育制
度与国民党实行的中央集权的党化教育有矛盾。大学区制的试行时期前后仅两年,1929 年 6 月,
国民党第三届中央执行委员会第二次全体会议通过停止试行大学区制,恢复旧的教育厅制。

（民国 25 年），竺可桢出任浙江大学校长，以"求是"为校训，重视师资、支持学术研究，在经过抗日战争 8 年的西迁后，使浙江大学由一个原本只有 3 个学院 16 个系的地方性大学发展成为拥有文、理、工、农、师范、法、医 7 个学院，26 个学系，5 个研究学部，1 个研究室，1 个附属中学的大型高等教育机构。1947—1949 年（民国 36—民国 38 年），国立浙江大学又增设了物理研究所、化学研究所、教育学研究所、中国文学研究所等科研机构，在气象学、物理学、生物学、数学等领域取得了世界级的研究成果，浙江大学的多位科研人员当选为中央研究院院士。

如果说中央研究院的成立是中国科学、技术体制化完成的标志，那么浙江大学的创办与发展便是浙江科学、技术体制化的表率，并在浙江省科学、技术的教育与研究中起了中坚的作用。关于浙江大学的变迁、科研和教育事业，后文还将作详细介绍。

第三节 民国时期浙江科学和技术的特点与分期

从辛亥革命后到新中国成立前，是中国科学和技术的引进与初步发展时期。由于政治上的不稳定和经济的落后，独立的科学、技术研究和学科建设相对缓慢。任鸿隽在 1945 年（民国 34 年）总结当时科学研究状况时说："民国 5 年以后才有科学研究所的出现，而这些研究所，以从事与常有地方性的科学为较早而且较多。所谓地方性的科学，乃是以各地特殊事实为题材而研究建立的科学。如地质学、生物学、气象学等属于此类。……反之，如物理学、化学、天文学等则为普遍性的科学。此类科学的发展，往往在地方科学之后。"[1]后来周培源也指出，由于旧中国经济薄弱，国内时局动荡，其发展的特点表现为："凡是不要很复杂的实验设备的学科，都能得到较好的发展，而那些需要复杂实验设备的学科就发展得很差。"[2]前者如地质学、生物学、数学等，既不要复杂精密的实验仪器，又具有突出的地域性（数学例外），容易出成果；后者如物理、化学等学科，建立较晚，即使建立了也由于设备简陋，成果不显著。

这些特点同样体现在民国时期浙江的科学和技术上。浙江在基础研究

〔1〕 任鸿隽.五十年来的科学.科学救国之梦——任鸿隽文存.上海：上海科学技术出版社，2002：580.

〔2〕 周培源.六十年来的中国科学.红旗，1979(6)：61.

领域开展比较早的也是地质学、生物学和数学,而物理学和化学直到 20 世纪 20 年代末才起步。技术主要停留在引进、推广西方先进农业和工业技术上,包括动植物品种改良,普及电力,农业和工业生产机械化等,虽然也进行了设备的仿制并加以应用,但是还很难说有进一步的创造。这是中国科学和技术发展的特定阶段,也是中国科学和技术史研究不能回避的事实。

一、民国时期浙江科学和技术分支概况

考察民国时期浙江省科学和技术在各个分支上的状况,大体表现如下。

1. 地质学

20 世纪 10 年代以后,首先是由身处外地的浙江人或外省机构开展了对浙江的地质调查和勘探,如在东京帝国大学留学的吴兴人章鸿钊[1]利用假期考察了杭州地质,1911 年(宣统三年)发表了第一篇中国区域地质论文《中国杭属一带地质》。1917 年(民国 6 年),北京农商部地质调查所的叶良辅在浙江考察了长兴县的煤矿、铁矿,以及汤溪、诸暨一带的铅锌矿,1919 年(民国 8 年)还对浙江省中生代火山岩作了初步分类。直到 1928 年(民国 17 年),浙江省建设厅才成立了矿产调查所,开始组织本地人开展省内矿产资源和地下水的调查。直到 1936 年(民国 25 年)竺可桢在浙江大学创设史地系,浙江的地理研究才系统展开。

2. 生物学

在生物学领域,也是首先由中国科学社生物研究所组织人力对浙江的植物、鱼类、两栖类、爬行类、鸟类和兽类的种类、区系分布进行了研究。1927 年(民国 16 年),钟观光出任第三中山大学(浙江大学)副教授,创建了植物园及植物标本馆,使浙江的生物学研究在国内小有名气。1929 年(民国 18 年)9 月,浙江大学成立生物系,贝时璋、罗宗洛、谈家桢等 10 多位生物学家先后在此任教,开展了现代生物学研究。贝时璋在 20 世纪 30 年代发现细胞分裂使细胞繁殖增生外,还提出了细胞重组观点。

---

〔1〕章鸿钊(1877—1951),字演群,浙江湖州人。中国地质科学事业的创始人。1904 年留学日本,1911 年获东京帝国大学地质系理学士学位。1921 年任中国第一个地质机构——南京临时政府实业部地质科首任科长。1913 年与丁文江等创办了北京政府工商(1914 年改为农商)部地质研究所并任所长,1916 年后曾任地质调查所地质股长兼北京大学、北京高等师范学校教授,中国地质学会首届会长(1921)。对中国地质事业的开创和发展做了奠基性工作,培养了谢家荣、叶良辅等一批地质事业的骨干。著有中国第一部地质、岩石、矿物学经典著作《石雅》以及《中国用锌的起源》、《地质学与相对论》、《古矿录》、《中国温泉辑要》等。

3. 数学

在数学领域,陈建功和苏步青也是先在日本开展研究,取得学位后才在1929(民国 18 年)和 1931 年(民国 20 年)先后应聘到浙江大学任教的,并继续从事数论和微分几何研究,形成了浙江大学数学学派。

4. 物理和化学

浙江的物理和化学研究只是到了 20 世纪 20 年代末浙江大学物理系和化学工程系建立后才开展起来。化学工程系创建于 1928 年(民国 17 年),主要开展化学工程、有机化学、分析化学方面的研究。物理系创建于 1929 年(民国 18 年),一开始就紧跟世界前沿,开展了相对论、原子理论、电动力学等方面的研究。

5. 医药科学

浙江的医药科学研究是在 20 世纪 20 年代末展开的。1929 年(民国 18 年),浙江省卫生试验所设立化学科,开展药品鉴定和毒物分析,并试制霍乱、鼠疫菌苗和牛痘苗。同一年,洪式闾创办浙江省第一个医学科研机构——杭州热带病研究所,进行传染病、寄生虫病流行病学的调查与研究。在中西医结合和中西医的论战中,浙江中医界对传统中医技术的应用、传播与维护发挥了重要作用。

6. 农业科学

1927—1937 年(民国 16—民国 26 年)是浙江农业试验研究发展较快的时期,先后建立了稻麦、蚕业、茶叶、园艺、病虫防治、家畜、土壤、水产等试验场(所),进行作物品种改良、种植制度、栽培和养殖技术的研究、改进和推广。其中,最为突出的是对蚕种的改良。早在 1912 年(民国元年),杭州就成立了农事试验场并设蚕种场,1915 年(民国 4 年)创建了浙江省立原蚕种制造场,1927 年(民国 16 年)后两场合并扩充为浙江省蚕种试验场。1927 年(民国 16 年)还成立了国立第三中山大学劳农学院蚕桑系,1929 年(民国 18 年)改名为"国立浙江大学农学院蚕桑系",开设了蚕遗传学、蚕体病理和消毒、养蚕学、蚕茧学等课程。1939 年(民国 28 年),蔡堡在遵义筹建中国蚕桑研究所,分养蚕、栽桑、化学分析、细菌分析 4 个研究室。20 世纪 40 年代,浙江大学的吴载德揭示了蚕卵内过氧化氢酶与滞育的关系,在国内最早提出了以数学公式表达桑蚕生长速度的"桑蚕生长式"。

7. 工业、交通通信技术

工业、交通通信技术在民国中期发展较快。1936 年(民国 25 年),杭州市的电力装机总容量达到 1.76 万千瓦,供电最高负荷为 9000 千瓦,年发电量 3160 万千瓦时,电力的推广带动了碾米、制糖业的发展。20 世纪 30 年代上半期建成了浙赣、沪杭铁路。1937 年(民国 26 年),茅以升主持修建的钱塘江大桥通车。这一时期浙江还创设了长短波无线电台,实现了无线电报。

从以上分支的发展中不难看出,民国时期浙江科学和技术的各个分支都曾在一个共同的时期内呈现出快速发展趋势,这就是民国中期,大致在 1928—1937 年。其原因不难理解,即国民政府成立后,中国有了相对稳定的政府,民族经济兴起,为科学和技术的教育和研究创造了条件。另外,这一时期建立了国家级的研究院,为全国包括浙江省在内的科学和技术研究提供了方向和保障。

二、民国时期浙江科学和技术发展的阶段

本来 1928 年以后中国的科学、技术研究应该是一个连续的过程,但是 1937 年(民国 26 年)日本的侵略给整个中国的科学和技术以重创,大学和研究机构纷纷内迁,浙江大学也开始了 8 年的流亡——幸运的是,在抗战期间,浙江大学能独树一帜,在西迁到贵州以后,科学教育、科学和技术研究得以延续,这是民国时期浙江科学和技术发展的特殊时期。

于是,我们找到了民国时期浙江科学和技术发展的两个关节点:1928 年(民国 17 年)[1]和 1937 年(民国 26 年),并由此把民国时期浙江的科学和技术划分为三个阶段。

1.1912—1927 年(民国元年—民国 16 年),浙江科学和技术的引进和初创阶段

在这一阶段,浙江省顺应全国引进西方科学和技术,谋求政治、经济发展的潮流,在工农业中开始使用电力、机械进行品种改良、病虫害防治,但是规模都比较小。即使有地质学、生物学和气象学基础研究成果,这些成果中很大一部分也是浙江人在省外机构或外省机构在浙江做出的,还不是地道的本土研究。

---

〔1〕 对于浙江省的科学和技术发展来说,如果把时间划在 1927 年也无可厚非,因为国民政府的成立为浙江的科学技术发展创造了必要的前提,而且浙江大学亦在此年重建。但是考虑到整个中国的科学技术发展态势,中央研究院的意义更为重大,是中国科学技术实现体制化的标志,很多中国学者都把中央研究院的建立作为中国的近代科学和现代科学的分界线。权衡之后,作者还是选择了 1928 年作为浙江科学和技术发展的关节点。特此说明。

2.1928—1936 年(民国 17—民国 25 年),浙江科学和技术的独立研究阶段

由于中央研究院和浙江大学的建立,浙江的科学和技术出现了较快的发展。化学和物理学开始起步,生物学进入了现代阶段,开展了现代数学研究,西药进入浙江市场,西医治疗技术也得到推广。在农业科学上,作物品种引进和改良的范围不断扩大,农业机械有了明显进步。在工产技术领域,电力、加工、交通、通信技术得到快速发展。

3.1937—1949 年(民国 26—民国 38 年),浙江科学和技术在抗战中的延续和战后的恢复阶段

尽管战争对科学和教育造成了极大的破坏,但是浙江大学却在西迁中做出了令世人瞩目的成就,在自然科学的各个分支上展开深入研究,在农业科学和工业技术上紧密联系实际,被誉为是"东方剑桥"。抗战时期的浙江大学不仅壮大了学校规模,同时积聚了各方面人才,扩大了研究领域,这在中国科学教育和研究事业中都是独树一帜的。

本书将对这三个发展阶段进行具体追溯,探讨这三个阶段的背景、特点和主要成就,最终总结这三个阶段的总体发展规律。

第二章

1912—1927 年浙江的科学和技术：
引进和初步开展

　　1912—1927 年(民国元年—民国 16 年)是浙江省自然科学和技术的引进和初创阶段。此间南京临时政府成立,虽然中国在政治上仍然不稳定,但是毕竟开始了新的历程。1914 年(民国 3 年),第一次世界大战爆发,西方列强忙于战务而暂时放松了对中国的控制,英、德、法、俄等国家对华产品输出下降,使中国的民族产业获得了一定程度的发展。与此同时,美国和日本加速在华投资,大力兴办企业。据统计,1919 年(民国 8 年)中国新建工矿企业 470 个,发展速度远远超过以往。新型工矿企业的建立促进了中国对新型技术的应用,也间接产生了对科学技术知识和人才的需求,这为民国时期中国的科学和技术教育与研究创造了必要前提。[1]

　　总的看来,1912—1927 年(民国元年—民国 16 年)浙江的科学和技术特点表现为以下三个方面:

　　第一,首先得到引进和研究的基础学科大多与国计民生密切相关,如地质学、生物学、医学等,反映了发展中国家在引进现代科学和技术上的一般态度,即首先以实际应用为目标。这一时期浙江本地的基础研究仍很薄弱,在很大程度上依赖于其他地区的科研机构的调查活动。

　　第二,重视传统技术和工艺的改进,如蚕种的改良,传统纺织技术的机械化,从而支持了传统农业的发展和新型工业的建立。

　　第三,在工业和交通通信技术方面,则站在较高的起点上,跨越了西方工业革命的前期阶段,在购置和采用西方先进技术的基础上,直接进入了电力和内燃机时代。

---

〔1〕 何艾生,梁成瑞.中国民国科技史.北京:人民出版社,1996:12.

第一节　地球科学的初步开展

地球科学是以地球系统(包括大气圈、水圈、岩石圈、生物圈和日地空间)的过程与变化及其相互作用为研究对象的基础学科,包括地理学、地质学、地球物理学、地球化学、大气科学、海洋科学和空间物理学等分支学科。地球科学在寻找、开发和利用自然资源上起着巨大作用,在指导人类适应、保护、利用和改造自然环境以及同各种自然灾害作斗争方面也发挥着重要作用,其中以地质学和大气科学的研究最为典型。

地质学是关于地球的物质组成、内部构造、外部特征、各层圈之间的相互作用和演变历史的知识体系,地质学的研究和勘探能够提供越来越多的自然资源,主要包括能源资源、矿产资料、水资源及土地资源等信息。

大气科学是研究大气的结构、组成、物理现象、化学反应、运动规律以及如何运用这些规律为人类服务的一门学科。气象学是大气科学的一个分支,是把大气当作研究的客体,从定性和定量两方面来说明大气特征的学科,集中研究大气的天气情况和变化规律以及对天气的预报,对农事活动的计划、居民生活的安排、避免灾害性天气具有重要作用。

民国时期,浙江省在地球科学领域最早开展的研究主要集中在这两个领域。

一、北京地质调查所及其在浙江的工作

19世纪中叶,中国的大门被西方列强打开,宁波被划为五口通商之一,西方人陆续来到浙江,并由西方地质学家首先开展了对浙江的地质调查和资源勘探工作。根据朱庭祜[1]的记述,1865年(同治四年)前后,德国地理

---

〔1〕 朱庭祜(1895—1984),字仲翔,原籍上海市川沙县。1913年就读北京农商部地质研究所,毕业后进入农商部地质调查所工作,1920年被派赴美国威斯康星大学地质系深造,获硕士学位。1922年进美国明尼苏达大学,为地质系博士研究生,1923年秋中途回国。1924—1925年任浙江省地质调查办事处技师,1936—1938年任浙江大学地质系教授。

学家冯·李希霍芬(Ferdinand von Richthofen)[1]便对宁波港口附近做了考察，又过桐庐往北经分水、临安，越天目山，过千秋关，至安徽宁国，沿路进行了考察，他所著的《中国》一书记录了甬江口的花岗岩及分水印渚埠一带的页岩、石灰岩等地层分布情况，此后人们研究浙江地质资料时往往以此书中内容为参考。[2]

20 世纪初，随着留学生的归国以及现代矿物学、地质学书籍的译介，中国人也开始了自己的地质调查和勘探。

1903 年(光绪二十九年)，浙江绍兴人周树人[3]在日本东京的《浙江潮》第 8 期上以"索子"为笔名，发表了《中国地质略论》一文，这是中国学者自己撰写的第一篇地质学论文。1905 年(光绪三十一年)，周树人又与顾琅合著《中国矿产志》，附有编绘的中国矿产全图和地质时代一览表，这是中国第一部全面记述中国矿产资源的专著，其中列有浙江省 16 类矿种和 72 处矿产地。1910 年(宣统二年)，浙江吴兴人章鸿钊在东京帝国大学留学期间利用假期考察了杭州府境内的地层、构造、岩浆岩，于 1911 年(宣统三年)发表了《中国杭属一带地质》一文，这是中国的第一篇区域地质论文。1911—1916 年(宣统三至五年)，日本东京地质协会野田势次郎等多人来浙江进行地质矿产调查，著有《浙江沿岸区域报告》等多篇报告，并测制了 1:400000 地质图。

1909 年(宣统元年)9 月 28 日，地理学家张相文同白毓昆、张伯苓、吴鼎

---

〔1〕　冯·李希霍芬(1833—1905)，德国地理学家、地质学家，近代早期中国地学研究专家。1833 年 5 月 5 日生于普鲁士上西里西亚卡尔斯鲁赫(今属波兰)。1856 年毕业于柏林大学。曾任柏林国际地理学会会长、柏林大学校长、波恩大学地质学教授、莱比锡大学地理学教授等。1905 年10 月 6 日在柏林逝世。李希霍芬于 1868 年 9 月到中国进行地质地理考察，直至 1872 年 5 月，走遍了大半个中国(14 个省区)。回国之后，从 1877 年开始，他先后写出并发表了五卷并带有附图的《中国——亲身旅行的成果和以之为根据的研究》。这套巨著是他 4 年考察的丰富实际资料研究的结晶，对当时及以后的地学界都有重要的影响。李希霍芬为中国地质、地理之研究，做了奠基性、开创性的贡献，尤其当时的中国带来了近代西方地学甚至整个自然科学的思想和方法，他是近代中国和西方国家科学交流的重要先驱，对近代中国地质学、地理学的产生和发展具有重大影响。

〔2〕　朱庭祜.忆浙江省早期的地质调查工作.浙江省政协文史资料委员会编.浙江文史集萃·教育科技卷.杭州:浙江人民出版社,1996:333.

〔3〕　周树人(1881—1936)，原名樟寿，字豫才，后改名树人，笔名鲁迅，浙江绍兴人。曾在南京江南水师学堂、矿务铁路学堂学习，1902 年(光绪二十八年)3 月东渡日本留学。他在《中国地质略论》中附了中国石炭田(煤田)分布略图一幅。此外，他还发表了《说钼》一文，这是我国最早介绍法国居里夫人发现镭的经过的论文。他和同学顾琅写了《中国矿产全图》。1907 年(光绪三十三年)，他撰写了《科学史教篇》《人之历史》，介绍达尔文生物进化学说及其发展史略。1930 年(民国 19 年)，他翻译了《药用植物》，该书采用现代科学分类方法，对 167 种生药的有效化学成分、药理作用以及原植物的形态和分布都作了简要的说明。

昌等人一起成立了中国地学会[1],次年创刊《地学杂志》[2],标志着中国地质学进入了实质性发展阶段。这一年,北洋政府工商部(后改为农商部)设置了两个地质机构,一个是地质科,丁文江为其唯一职员;一个是"地质研究所",由章鸿钊任所长。1911年(宣统三年),丁文江、叶良辅[3]到浙江长广煤矿踏勘,著有《浙江地质矿产报告》。

同时,地质研究所也是中国第一个地质教育部门,从1913年(民国2年)起,在章鸿钊、丁文江、翁文灏[4]的严格训练下,培养了谢家荣、叶良辅、王竹泉、谭锡畴、李学清、李捷、朱庭祜、刘季辰、周赞衡等十几位地质学人才,其中周赞衡、卢祖阴、李学清在浙江调查,发表了《浙江西湖附近地质报告》等著述。1916年(民国5年),地质科撤销,改称"地质调查所",由丁文江任所长,并分为两股,章鸿钊为地质股股长,翁文灏为矿产股股长,地质研究所的毕业生便加入了地质调查所成为了调查员,从此开始了中国人独立

---

〔1〕 地学会后来由于经费困难停止了活动,直到1928年(民国17年),地质学家翁文灏同历史学家陈垣曾经恢复了地学会的活动,中国地质学会于抗战期间停止活动。1934年在地学会的基础上成立了中国地理学会(翁文灏任首任会长),1946年重新开展活动,直到1950年与中国地理学会合并,统一称为中国地理学会。

〔2〕 章鸿钊于1911年(宣统三年)从日本回国,在《地学杂志》上发表了《世界各国之地质调查事业》、《中华地质调查私议》、《调查地质咨文》等文章,对中国近代地学的建立具有重要意义。到1937年抗战爆发《地学杂志》停刊,前后共出版了181期,刊登各类文章1520多篇,各种地图140余幅,其中有关地质的文章约160篇,有关矿产资源的文章80篇,地质矿产图件22幅。邝荣光绘制的我国第一幅地质图——彩色的《直隶地质图》就发表在《地学杂志》的创刊号上。参见:张以诚.八十如同年十八——漫话中国地质学会.国土资源,2002(9):62—63.

〔3〕 叶良辅(1894—1949),字左之,浙江杭州人。我国早期的地质学家、岩石学家。1920年到美国哥伦比亚大学地质系进修,获硕士学位。自1916年起先后在地质调查所工作9年,在中央研究院地质研究所工作10年,在这期间发表论著21篇,均为地质调查和研究成果。由叶良辅主编的《北京西山地质志》,成稿于1919年,出版于1920年,内容分地层系统、火成岩、构造地质、地文以及经济地质等五章,是中国最早,当时最完善的一份区域地质调查报告。1930年著《浙江平阳之明矾石》,1931年著《浙江青田印章石》,1936年著《研究浙江平阳矾矿之经过》,为中国研究该两种矿的先驱。1930—1931年连续发表了《浙江沿海之火成岩》、《中国东南沿海流纹岩及凝灰岩之矾石化及叶腊石化作用》和《中国东南沿海火成岩之研究》。1938年,叶良辅应浙江大学校长竺可桢先生之邀请聘任浙江大学地质学、地形学教授,培养了一大批地质、地貌和地理方面的人才,尤其是使中国地貌学发展成很多分支学科,成为中国地学开创者之一。

〔4〕 翁文灏(1889—1971),字咏霓,浙江鄞县(今属宁波)人,民国时期著名学者,是中国早期的地质学家。对中国地质学教育、矿产开探、地震研究做出过杰出贡献。

进行地质调查的工作。[1] 但是地质调查所早期的研究主要以地壳表层某个地区的岩石为基础,主要从事矿物学、岩石学、地层学以及古生物学、构造地质学、区域地质学等门类的研究。

1919 年(民国 8 年),地质调查所编印了《地质汇报》和《地质专报》两种刊物。1920 年(民国 9 年),丁文江邀请美国地质学家葛利普(Amadeus William grabau)[2]到地质调查所任古生物室主任,兼任北京大学地质系古生物学教授。1916—1922 年(民国 5—民国 11 年),地质调查所人员逐渐增加到 30 人,在测制地质图、矿产调查和专题研究方面取得了不少成绩,出版了一批地质学论著。[3]

从民国初年到 20 世纪 20 年代后期,中国地质学者对浙江省的地质矿产调查逐渐增多,先后成立了浙江地质矿产的办事处及调查机构,着重调查浙西、浙北的地层、构造和矿产。1917 年(民国 6 年),叶良辅考察了长兴县的煤、铁矿和汤溪、诸暨一带的铅锌矿,于 1919 年(民国 8 年)对浙江省的中生代火山岩作了初步分类。

1924 年(民国 13 年)春天,浙江省实业厅成立了地质调查办事处,以孙海寰为主任,聘任朱庭祜为技师、盛梓夫为助理,开始对省内地质条件和矿产资源进行调查。他们先在杭州市郊区了解地形、地质构造及矿产,将杭州飞来峰一带的石灰岩称为“飞来峰层”,编成临时报告《调查浙江地质简报》第 1 期,分送相关机构及学校作参考。之后,又从杭州出发至富阳、桐庐、分水、於潜、昌化、临安、余杭等县进行调查,编成了临时报告第 2 期及第 3 期。他们还从浙江省测量局领出1∶50000的地图一份,并购置了简单的仪器;但

---

〔1〕 1927 年(民国 16 年),中央研究院成立后,蔡元培聘请李四光任地质研究所所长,所址改在上海,它与原来北京的地质调查所南北呼应,互相借鉴,形成了我国地质科学早期的研究体系。1931年北京地质调查所沁园燃料研究室、土壤研究室等,作为地质调查所的专门研究燃料实验的分支机构成立了。1937 年(民国 26 年)卢沟桥事变爆发,北京地质调查所和上海地质研究所分别迁往重庆和桂林。新中国成立后,李四光先生将前中央研究院地质研究所和地质调查所合并,统一成立地质研究所和古生物研究所,成为新中国地质科学研究的基础。

〔2〕 葛利普(1870—1946),美国古生物学家,地质学家,任哥伦比亚大学、北京大学教授,多次担任中国地质学会副理事长。1946 年卒于北平(今北京)。葛利普是古生态学的创始人之一,特别是对腕足类、珊瑚和软体动物化石有研究,于 1909—1910 年出版《北美标准化石》,论述了种的发生和个体发育,成为当时重要的工具书。葛利普长期在中国从事教育和研究工作,协助丁文江等创建了中国地质学会,创办了《中国古生物志》杂志。他在中国撰写的《中国地层》和 36 幅亚洲古地理图成为亚洲和中国地层学的重要著作。葛利普的著作还有《地层学原理》、《时代的韵律》等。

〔3〕 张以诚. 八十如同年十八——漫话中国地质学会. 国土资源,2002(9):63.

是由于当时经济条件所限,在地层和构造方面没有进行细致研究。[1]

同在 1924 年(民国 13 年),葛利普将浙东南地区的变质岩归属太古代和元古代,称之为"华夏古陆"。1926 年(民国 15 年),地质调查所的谢家荣首次调查了嵊县、新昌的萤石。1927 年(民国 16 年),刘季辰、赵亚曾著有《浙江西部之地质》(地质汇报第 9 号),对下古生界进行了介绍。这一年,浙江省建设厅矿产调查委员会首次对平阳县(现苍南县)矾山街的明矾石进行了考察,发表了《平阳矾矿之概况》。

除了地质调查外,在地理学方面,1921 年(民国 10 年),竺可桢在《科学》第 6 卷第 4 期上发表了《杭州西湖成因新说》,给出了西湖成因为泻湖[2]的解释。根据他的理论,西湖的南、西、北三面均为山所围绕,唯有东面是冲积平原,为钱塘江沉积形成。大约在 12000 年前,西湖原是钱塘江口左近的一个浅水湾,后来钱塘江沉淀物慢慢将湾口堵塞,形成了一个泻湖,后经人工浚掘、筑海塘阻拦海水,加上海平面下降才正式形成了西湖。

二、竺可桢与中国气象学的初步研究

近代以来,首先由外国人在中国创办了气象观测站。1880 年(光绪六年)起,英国和法国殖民者先后在浙江永嘉、鄞县及近海岛屿建立了 6 个气象观测站,观测气压、干(湿)球温度、降水、风向、风速、云等天气现象。中国人自己的气象观测则开始于民国时期。

1912 年(民国元年),南京临时政府接收了北京观象台,建立了中央观象台,下设天文、气象、历数、磁力四科,隶属教育部。1913 年(民国 2 年),由蒋丙然负责筹建气象科,于 1915 年(民国 4 年)正式成立。气象科根据当

---

〔1〕 朱庭祜.忆浙江省早期的地质调查工作.浙江文史集萃·教育科技卷.杭州:浙江人民出版社,1996:334.朱庭祜还写道:1916 年前后,属于日本东京地学协会的人常到浙江考察,搜集动、植、矿物各种样本,带回日本研究,写出报告。他们人数较多,所到之处,除钱塘江流域外,还有沿海各地。因当年国内时起革命风云,他们未能深入。但影响所及,仅浙北几处小型铁矿,就被当地资本家雇人采掘了,他们串通上海商人间接将矿砂售给日本。朱庭祜认为个别当权人和富裕商人在矿业上的活动是卖国行为,因此在他们调查的过程中对铁矿多加注意,但是避而不去调查,以防商人开采外运。

〔2〕 泻湖是指浅水海湾因湾口被泥沙淤积成的"沙嘴"或"沙坝"所封闭或接近封闭而成的湖泊。目前,有关西湖的成因又有了火山喷发的说法,认为在西湖边的宝石山上存在着一条古代遗留下来的火山通道,整个通道向南延向西湖,出露面积约 2000 平方米。经考证,约在 1.3 亿年前的侏罗纪晚期,在里西湖一带发生了强烈的火山喷发,由于岩浆外流而使地壳内部空虚,最后火山口陷落成为洼地,这洼地就成了以后西湖的基础。

时所能获得的国内外气象资料绘制天气图，1916 年（民国 5 年）开始正式发布北平地区的天气预报。

在气象学理论研究上，浙江籍的重要研究者是竺可桢（见图 2-1），他在气象学、气候学、物候学、地理学、自然科学史方面都卓有建树。1890 年（光绪十六年），竺可桢出生在浙江绍兴东关镇一个普通家庭，从小就读于私塾，中学就读于上海澄衷学堂和复旦公学，后来到唐山路矿学堂读书。1910 年（宣统二年），他作为庚款留美第二期学生赴伊利诺斯大学学习农学，1913 年（民国 2 年）转入哈佛大学地学系攻读气象学硕士学位，研究中国的雨量问题，并于 1915 年（民国 4 年）获得硕士学位，之后又

图 2-1　竺可桢

攻读博士学位。1916 年（民国 5 年），竺可桢在美国《每月天气评论》杂志发表了有关中国雨量的文章，同年在中国科学社创办的《科学》杂志第 2 期上发表了《中国之雨量及风暴说》，这是中国近代气候学最早的论文。1918 年（民国 7 年），竺可桢又在《每月天气评论》上发表《关于台风中心的若干新事实》，提出台风眼高温是由于下沉气流所致的观点，建立了东亚台风新的分类法，并以台风为研究对象的优秀论文获得了博士学位。竺可桢对台风和东亚季风的研究持之以恒，锲而不舍，数十年如一日，他参阅了大量经、史、子、集及中外文献，研究中国和世界不同时期的气候变迁，受到了国内外同行的关注。

获得博士学位后，竺可桢怀着"科学救国"的理想回到祖国，先是执教于武昌高等师范学校，1920 年（民国 9 年）受聘为南京高师地学教授（次年该校改称东南大学，1927 年（民国 16 年），改名中央大学）。在竺可桢的主持下，东南大学创建了地学系，下设地理、气象、地质、矿物四个专业，这是我国高校建立地学系的开始。竺可桢一方面担任地理系主任，主持日常行政工作，另一方面教授地学通论、气候学、气象学等课程，培养了中国第一批气象学和地理学人才，如张宝堃、吕炯、黄厦千、沈孝凰、胡焕庸等。1921 年（民国 10 年），竺可桢发表了《秋间江浙滨海两台风之详释》。在东南大学，他积极筹建校南农场气象测候所。1922 年（民国 11 年），他主持购买了各种仪器设备，定期观测温度、湿度、气压、雨量、日照等项目，逐月发布南京气象报告。

竺可桢一向重视气象、气候与生产及人类生活的联系，1922—1923 年（民国 11—民国 12 年），竺可桢发表了《气象学与农业之关系》《气候与人

生及其他生物的关系》等作品,是中国农业气象学研究的开端,也是物候学研究的肇始。他从 1921 年起就观察记录物候,为这一研究奠定了基础。

1924 年(民国 13 年)10 月 10 日,竺可桢同高鲁、蒋丙然一起在青岛发起成立中国气象学会,根据中国气候的观测研究提出了一系列有价值的观点,为中国的气象理论做出了贡献。1925 年(民国 14 年),竺可桢发表《南宋时代我国气候之揣测》,1926 年(民国 15 年)又发表了《东亚天气型的初步研究》。

第二节　生物学和医学的初步开展

一、生物调查工作

生物学是研究生物各个层次的种类、结构、功能、行为、发育和起源进化以及生物与周围环境关系的科学。西方生物学在 19 世纪中后期取得了巨大进步。1859 年(咸丰九年)达尔文(Charles R. Darwin)[1]发表《物种起源》,阐述了生物进化论;1865 年(同治四年),孟德尔发表《植物杂交的试验》,开创了遗传学研究;1906 年(光绪三十二年),摩尔根在孟德尔研究的基础上用果蝇做遗传实验,建立了现代遗传学;到了 20 世纪 40 年代,西方遗传学已经从细胞水平发展到了分子水平。

清朝末年,中国的生物学尚局限于对西方生物学的译介[2]和初高级学堂的生物学教育上,是外国学者首先对中国包括浙江在内的生物物种进行了调查。从 19 世纪 40 年代到 20 世纪 40 年代,英国的坎托(Th. Cantor)、

---

〔1〕　达尔文(1809—1882),英国博物学家,进化论的奠基人,机能心理学的理论先驱。主要著作有:《物种起源》(1859),《动物和植物在家养下的变异》(1868),《人类的由来和性选择》(1871),《人类和动物的表情》(1872)。

〔2〕　1851 年,由英国传教士合信和中国学者陈修堂共同编译《全体新论》一书,介绍了西方近代解剖生理学知识。1858 年,中国学者李善兰和英国传教士 A. 韦廉臣(Alexander Williamson,1829—1890)根据英国植物学家林德利(John Lindley,1799—1865)的有关植物学著作,合作翻译了《植物学》,是我国第一部介绍西方植物学知识的译著。在这部著作中,李善兰创译的"植物学"等名词,一直在中国和日本生物学界使用。1898 年,严复译著的《天演论》首次介绍了"物竞天择,适者生存"的生物进化思想,在中国思想界产生了较大的影响。1897 年,罗振玉在上海创办《农学报》,10 年内共出版 315 期,翻译介绍了许多农业书籍,其中包括普通动、植物学著作多种,大都译自日文生物学书籍。此外,20 世纪初还从西方和日本翻译了许多属于中学或大学专科水平的教学参考书。据统计,从 19 世纪 50 年代至 1911 年的近 60 年间,共有 468 部西方科学著作被译成中文出版。其中包括动物学、植物学和矿物学在内的博物类书籍就有 92 部之多。

斯温霍（R. Swinhoe）、拉托契（J. D. D. La Toche）和美国的坡普（C. H. Pope）、艾伦（G. M. Allen）等先后对浙江爬行类、鸟类、兽类进行了调查。20 世纪初，日本植物学家松田定久鉴定了从浙江采集的植物标本，发表了《浙江杭州植物名录》和《浙江宁波植物名录》，分别记述了维管植物 485 种和 169 种。

1915 年（民国 4 年），钟观光[1]被聘为湖南长沙高等师范学校博物学副教授，1916 年（民国 5 年）被聘为北京大学生物系教授，他利用 4 年时间考察了包括浙江在内的 11 个省，采集了 16000 多种总计 15 万号植物标本，500 多种海产动物标本，木材、果实、根茎、竹类 300 余种。1924 年（民国 13 年），他为北京大学建立了植物标本室。

1920 年（民国 9 年），中国科学社发起人之一秉志从美国回国。秉志在美国专修生物学，曾跟生物化学家尼达姆（J. G. Needham，即李约瑟）研究昆虫，又跟随神经学家唐纳森（H. H. Donaldson）研究动物神经学。他回国后马上投入生物学的教学和研究工作，先在南京高等师范学校农业专修科讲授普通动物学；1922 年（民国 11 年），农业专修科并入东南大学并扩展为生物系，秉志和胡先骕、钱崇澍[2]等人在南京共同创办了中国科学社生物研究所，秉志任所长，胡先骕任第一届植物部主任，这是我国第一个生物学研究机构。生物所创办初期，房屋、设备均由东南大学提供，人员大部分为东南大学教授，在课余时间从事研究。1922—1937 年（民国 11—民国 26 年），研究所从最初的四五个人增加到三十多人。在秉志和胡先骕等人的带动下，研究所的工作取得了出色成果，出版了《中国科学社生物研究丛刊》，后来丛刊分为动物和植物两部，分别汇集动、植物学研究成果。从 1922（民国 11 年）到 1942 年（民国 31 年），丛刊刊载了动物学方面的西文研究论文 112 篇，包括动物分类、解剖、生理、营养化学等；植物学等方面的论文 100 多篇，都属于分类学。由于研究所在中国动、植物研究方面成绩卓著，很快便闻名于世界。[3]

中国科学社生物研究所不只是开展生物形态学和生态学的研究，还对

---

[1]　钟观光（1868—1940），字宪鬯，浙江镇海人，中国植物学界开拓者之一。

[2]　钱崇澍（1883—1965），浙江海宁人，植物学家，中国近代植物学的开拓者之一。1910 年，钱崇澍与竺可桢等赴美留学，先后在美国伊利诺斯大学自然科学院、芝加哥大学、哈佛大学学习。1916 年（民国 5 年），在国外发表《宾夕法尼亚毛茛两个亚洲近缘种》，1917 年发表《钡、锶、铈对水绵属的特殊作用》，是我国植物分类学和植物生理学方面的最早著作。1948 年选聘为中央研究院院士，1955 年选聘为中国科学院院士（学部委员）。

[3]　汪子春.中国近现代生物学发展概况.中国科技史料，1988(2)：19.

中国的动植物资源进行了调查。秉志、钱崇澍、郑万钧、伍献文、寿振黄、朱元鼎等对浙江植物、鱼类、两栖类、爬行类、鸟类和兽类的种类、区系分布进行了研究,发表了论著。1925—1930 年(民国 14—民国 19 年),伍献文报道了浙江瑞安的蛇类 10 种,1934 年(民国 23 年)发表了《浙江爬行动物初步报告》。

1927 年(民国 16 年),钟观光被聘为国立第三中山大学(浙江大学)农学院副教授,兼任浙江省博物馆自然部主任,他走遍东、西天目山、四明山、天台山、雁荡山等地采集植物标本 7000 多号,其间在普陀山发现了珍稀濒危树种鹅耳枥,定名普陀鹅耳枥。他还创建了中国的第一个小型植物园——第三中山大学植物园及植物标本馆。

二、西医的引进和中西医结合研究

医学是关于人类同疾病作斗争和增进健康的科学。20 世纪以后,西方基础医学的发展推进了临床医学和预防医学的进步。在内科治疗方面有了化学疗法,发明了抗生素[1];在诊断技术上,开始使用 X 射线、心电图、梅毒血清反应、脑血管造影、心脏导管术和脑电图;在内分泌学上,肾上腺素、甲状腺素、胰岛素、各种性激素等相继分离提纯;在分子生物学上,产生了分子遗传学、分子细胞学、分子药理学、分子病理学、分子免疫学等新兴学科;在手术学科上,K.兰德施泰纳在 20 世纪初发现了血型,通过配血使输血有了安全保障。随着局部麻醉法、肌肉松弛药和抗菌药的应用,脑外科、心血管外科、矫形外科、消化外科及整形外科等逐渐发展起来;此外,还有营养学、医学遗传学、器官移植和人造器官等医学科学和技术的发展。

中国现代医学是在民国时期随教会医学院(如广州博济医学校、上海圣约翰大学医学院、北平协和医学校等)和国立医学院(如浙江公立药科专科学校、国立北平大学医学院、国立中山大学医学院、国立上海医学院等)的开办和西医专业留学生归国而发展起来的。

1912 年(民国元年),在杭州由中国人自己创办了国内最早培养医药人才的浙江医学专门学校(翌年改称浙江公立医药专科学校),推动了浙江省

---

〔1〕 1908 年,德国人 P.埃尔利希和日本人秦佐八郎发现 606 能治疗螺旋体疾病,开创了化学疗法的先声。1935 年,G.J.P.多马克研制成磺胺药,能治多种细菌所致的疾病。1928 年,英国人 A.弗莱明发现青霉素有杀菌能力,1941 年后 H.W.弗洛里和 E.B.钱恩将青霉素用于临床。1944 年,美国人 S.A.瓦克斯曼发现链霉素能治疗结核病。其后新抗生素相继出现。这些特效疗法是治疗史上划时代的进步。

的外科诊疗和科研。1913 年(民国 2 年)后,医药专科学校先后开设了制药
化学、药用植物学、生药学、裁判化学、毒物分析化学、调剂和制剂等课程。
1921—1925 年(民国 11—民国 14 年),李定任医药专科学校校长兼教授解
剖学,著有《局部解剖学》一书。韩道斋最早进行了组织学和胚胎学的教学
工作。1927 年(民国 16 年),屠宝琦在医药专科学校首先进行了微生物学
和免疫学的教学与研究。

在医疗器械和检验科学上,1919 年(民国 8 年)慈溪保黎医院在国内率
先采用 X 射线机;1922 年(民国 11 年)湖州福音院成立检验科,并于 1928
年(民国 17 年)开展临床、生化、微生物和血清学检验。1924 年(民国 13
年)浙江昆虫局设置蚊蝇研究室,在该室工作的李凤孙于 1934 年(民国 23
年)编著《蚊虫防治法》,是中国医学昆虫防治的第一本专著。在西药方面,
1926 年(民国 15 年),杭州同春药房开始生产和销售多种西药片剂和针剂,
民生化学制药厂开始生产多种西药片剂和安瓿剂。

民国初期,浙江的中医药学也得到发展。1885 年(光绪十一年),陈
虬[1]在温州创了近代最早的中医学校——利济医学堂[2],该校的《利济
学堂报》和绍兴的《绍兴医药学报》是国内最早的中医药学术刊物之一。
1908 年(光绪三十四年)6 月,绍兴名医何廉臣与医界同仁一起组建了绍兴
医药研究社,创办了《绍兴医药学报》,是中国近代最早的中医药期刊。除了
利济医学堂外,浙江早期的中医学校还有 1917 年(民国 6 年)创办的浙江中
医专科学校和 1919 年(民国 8 年)创办的兰溪中医专门学校。兰溪中医专
门学校的创办者是朱阆仙,1920 年(民国 9 年)聘请张山雷任教务主任,张
山雷在任 15 年,编写教材并亲自执教,受业学生达 600 多人,使兰溪中医专
门学校成为当时中国影响最大的中医教育机构之一。

在这一时期,浙江医学研究上的一个重要内容是中西医结合。早在
1808 年(嘉庆十三年),钱塘王学权就撰写了《医学随笔》,于 1852 年(咸丰
二年)付刊,易名为《重庆堂随笔》,其中对西方医学进行了研讨,比较了中、
西医学的异同。

民国时期,随着西医的引入和民族虚无主义的泛滥,企图消灭中医的言
论日益激烈,中医药事业受到种种限制。裘庆元是绍兴名医,1914 年(民

---

〔1〕陈虬(1851—1903),原名国珍,字志三,别字蜇声,晚号蛰庐,清浙江瑞安人。中日甲午
战争后,以公车入京,与康有为、梁启超等交往。1898 年参加康有为发起的保国会等变法活动,后
在温州业医,设学堂、办报馆等,著有《报国录》《治平通议》。

〔2〕林乾良.解放前浙江的中医教育.浙江文史集萃·教育科技卷.杭州:浙江人民出版社,
1996:23—24.

3年)创办了"裘氏医院",1916年(民国5年)8月,孙中山到绍兴视察,随行胡汉民患病,经裘庆元诊治得愈,孙中山为裘庆元题写了"救民疾苦"匾额。面对企图消灭中医的狂潮,裘庆元为振兴中医事业,以发掘刊印流通医学书籍为己任。1923年(民国12年),他迁居杭州,将《绍兴医药学报》改名《三三医报》,成立三三医社,与曹炳章一起编辑出版《三三医书》、《国医百家》、《中国医学大成》、《珍本医书集成》等书籍,保存了许多珍孤本医著内容。

裘庆元还创办了中西医兼备的三三医院。"三三"者,取《礼记》"医不三世不服其药"及《左传》"三折肱知为名医"之义。三三医院先位于杭州十五奎巷四牌楼,后迁至将军路柳营路口。医院规模虽然不大,但声誉极好。医院前厅悬一紫红巨匾,上面是孙中山手书的"救民疾苦"四字。裘庆元告诫弟子:"行医以活人为主,病之宜于中医者用中法,宜于西者用西法。"病人就诊,中西医可以自行选择,危重疑难病例,则中西医会诊切磋,中西医间隔融治无间。裘庆元曾云:"学术文化,皆有融治共同之趋势,医学岂有例外?各能取彼之长,补我之短,其结果必冶于一炉,无所谓中也西也,然后得以名之曰新医学,亦得名之曰现代化医学。"他本着这样的精神,倡导"现代化医学之具体法",以生理、病理、诊断、治疗、药物等五个方面的参数作为中西医结合的原则和方法。[1]

第三节 海洋科学的初步开展

海洋科学是研究地球上海洋的自然现象、性质及其变化规律以及和开发与利用海洋有关的知识体系。从15世纪到18世纪末,西方自然科学和航海事业的发展促进了海洋知识的积累,主要以远航探险等活动所记述的全球海陆分布和海洋自然地理概况为主。1872—1876年(同治十一年至光绪二年),英国皇家学会组织的"挑战者"号完成了首次环球海洋科学考察,进行了多学科综合性的海洋观测,在海洋气象、海流、水温、海水化学成分、海洋生物和海底沉积物等方面取得大量成果,使海洋科学从传统的自然地理学领域中分化出来,逐渐形成独立学科。1925—1927年(民国14—民国16年),德国"流星"号在南大西洋的科学考察中第一次采用电子回声测深法,测得7万多个海洋深度数据,表明了大洋底部并不是平坦的,它像陆地

地貌一样变化多端。同时期,海洋物理学、海洋化学、海洋地质学和海洋生物学等各个基础分支学科的研究也取得显著进展。20 世纪五六十年代以后,海洋科学发展成为一门综合性学科。

中国的海洋科学研究从 20 世纪初开始,中国地学会、中国科学社、中华海产生物学会、太平洋科学协会海洋学组中国分会以及中国动物学会和中国地理学会开展了海洋生物、海洋地理、海洋地质和海洋水文气象等方面的研究。

1915 年(民国 4 年),沪杭甬铁路局在杭州闸口设立省内第一个潮位站,进行水文观测。1919—1921 年(民国 8—民国 10 年),上海浚浦局在杭州湾与钱塘江口进行潮位、含沙量观测和水深测量,撰写了《杭州湾与钱塘江口水文报告》。1929 年(民国 18 年)成立了西湖博物馆,在浙江沿海采集大量生物标本,开创了浙江现代海洋生物学的研究。1935 年(民国 24 年)成立的浙江省水产试验场在大陈、普陀等岛进行潮流、水温、比重和浮游生物等调查。20 世纪 30 年代,生物学家朱元鼎、伍献文、秉志、王以康、林书颜等对浙江海洋生物进行分类研究;地质学家李四光提出东亚大陆边缘存在北北东向延伸并相间排列的三个隆起带和三个沉积带,称之为新华夏构造体系,而东海则是第一沉降带中的一个盆地;此外,马廷英研究了东海第四纪的气候变迁与海平面变动,高平、李庆远等人对浙江海岸升降问题进行了定性研究。

总的看来,这一时期浙江的海洋科学研究是初步的,主要集中在调查领域。

第四节 农业科学和技术的改进

农业科学是研究农业发展的自然规律和经济规律的科学。19 世纪中叶以后,随着生物学、化学、生理学、遗传学、昆虫学、微生物学、土壤学和气象学等理论与实验方法的发展,农业研究从经验水平发展到了现代农业科学阶段。1840 年,李比希(Justus von Liebig)《有机化学在农业和生理学上的应用》的发表,被认为是现代农业科学的开端。20 世纪初,动力机械特别是拖拉机和其他机动农具的推广,加速了农业机械化的进程。

农业科学大体包括五个主要门类,即农业环境科学(分支学科有土壤学、农业气象学等)、作物生产科学(也称农学或农艺学,分支学科有作物育种学、作物栽培、植物病理学、农业昆虫学、杂草学和农药科学等)、畜牧科学(分支学科有兽医学、家畜育种学、家畜营养学等)、农业工程科学(早期的农业工程主要研究农业机械的设计、制造、使用管理和销售服务方面的问题,现在已扩展到农业建筑和环境控制、水土资源、农村能源的开发利用等)、农业经济科学(分支学科有农业生产经济学、管理经济学)。民国以后,浙江也在诸多方面开展了研究,并取了一定成效。

一、蚕种改良和浙江蚕学馆的变迁

浙江省农业基础研究始于民国,特别是蚕种改良有了明显进步。1911年(宣统三年),劝业道在杭州笕桥设立农事试验场,内设蚕桑科,推广改良蚕种试验并制发少量改良种。1915年(民国4年)夏天,在艮山门外设立了原蚕育种制造场,对原蚕土种饲育进行改良试验,制作原蚕种以供制造普通改良种之用[1]。而在蚕种改良上,更为突出的研究机构是浙江蚕学馆。

1897年(光绪二十三年)8月,杭州知府林启在西子湖畔金沙港怡贤亲王祠和关帝庙旧址创办蚕学馆(见图2-2)。1898年(光绪二十四年)3月开学,设置理化、动植物、蚕体生理、病理、解剖、气象、土壤、养蚕、栽桑、制丝、显微镜检查等课程,并译印《微粒子病肉眼鉴定》、《饲养新法》、《屑茧缫丝》等书籍,在中国

图 2-2 蚕学馆遗址

---

〔1〕 1927年,农事试验场和原蚕育种制造场合并扩充为浙江省蚕种试验场,1928年春,复改为浙江省立蚕业改良场,在笕桥建总场,由国立浙江大学农学院院长谭熙鸿兼任场长。1929年12月,于武林门外创设杭州缫丝厂,易名为浙江省立蚕丝业改良场,附设女子蚕业讲习科。同年,省立女子蚕业讲习所并入改良场,由周延鼎继任场长,总场迁至艮山门外沙田里。1932年,浙江省农业改良总场成立,改良场直属农业改良总场为蚕桑场,由葛敬中任场长。1934年4月,改良场改由省建设厅直辖,易名为浙江省蚕桑场,沈九如继任场长。1935年1月,改属建设厅蚕丝统制委员会,易名为浙江省蚕桑改良场,1936年初,改属省府直辖,内设试验股,分养蚕和栽桑两组。1938年2月,浙江省建设厅为统一机构,将蚕桑改良场、嘉兴蚕种场和蚕业监管所并入浙江省农业改进所为蚕丝股,所址在松阳县太保庙,蚕丝股在松阳碧湖等地开辟桑园,建造蚕室,开展研究工作。1941年,蚕丝股改为蚕丝系,1942年改为蚕丝试验室,收集地方蚕品种,进行温汤浸种人工孵化试验等。1946年4月,迁回杭州,租用拱宸桥海关房屋,开展征集地方蚕品种和改良品种、人工孵化和单性生殖等研究。1936年,原有蚕业推广委员会、蚕业监管所及农业改进所的蚕丝试验室,合并改组为浙江省蚕业改进管理委员会,属省建设厅;同年1月9日蚕改会筹建蚕桑试验场。1948年,在留下小和山建成试验室楼房1座并辟有桑园,正式成立浙江省蚕丝试验场,3月17日迁往办公。新中国成立后,改为省农林厅蚕业改进所,进行原蚕种培育。

率先引进日本优良蚕种和法国的蚕病防治技术，精求饲育，兼讲植桑、缫丝，将先进技术传授给学生，然后推广到民间，被誉为"开全国蚕桑改良之先声"。1900 年（光绪二十六年），蚕学馆第一届毕业生 18 人，之后第二届 11 人，第三届 6 人，至辛亥革命前共毕业 11 届计 163 人。从成立到 1943 年（民国 32 年）止，历届毕业生共 1164 人，学生籍贯和毕业生从事蚕丝工作的地点几乎遍及全国。[1]

1908 年（光绪三十四年），新任浙江巡抚增韫因蚕学馆办学卓有成效，奏请朝廷改校名为"浙江高等蚕桑学堂"，获御准。此后，该学堂开始用西方的科学和技术生产蚕种，免除蚕种内病原的遗传，称"改良种"，以区别于过去蚕农自留或向土种业者购买的"土种"。最初制造的改良蚕种是纯系蚕种，由于蚕丝产区思想保守以及经济实力薄弱，兼浙江省蚕的饲养量大，改良种供应不足，蚕业先进技术并未得到迅速推广。辛亥革命前，农村饲养改良蚕种的数量仍然有限，饲养土种的比例仍然很大。

1912 年（民国元年），浙江高等蚕桑学堂改称"浙江省高等蚕桑学校"，1913 年（民国 2 年）又改名为"浙江省立甲种蚕业学校"[2]。1925 年（民国 14 年），学校从日本购进优良原种如诸桂、赤熟等，制造诸桂 X 赤熟杂交种万余张，为中国制造和推广杂交种的开始。同年，在塔儿山、艮山门、桐乡、湖墅、长安 5 处试办蚕种场，制造和推广改良蚕种，还分派毕业生帮助蚕农消毒、催青、养蚕，劝导农民从事新法饲养。

1915 年（民国 3 年），朱新予考进浙江甲种蚕桑学校，成为蚕校的第 18 期学生，于 1919 年（民国 7 年）毕业，留校任教。任教期间，他发表了《中国的丝绸业怎样才能发展》等论文。1922 年（民国 11 年）11 月，他考取留日公费生，于次年 2 月赴日本留学。在日本东京高等蚕丝学校和日本国立蚕丝

---

〔1〕　朱新予等.浙江蚕学馆.浙江文史集萃·教育科技卷.杭州:浙江人民出版社,1996:14—15.

〔2〕　民国早期培养蚕桑人才的甲乙种专门农业学校为培养农业科技人才,民国政府教育部 1912 年 12 月 7 日发布第 33 号令,公布专门农业学校规程,1913 年 8 月 4 日又颁布 35 号令,规定农业专门学校分为甲、乙两种。其中甲种学校定预科 1 年,本科 3 年,本科毕业后,另设 1 年以上研究科。甲种农业学校共分为农学、林学、兽医学、蚕业学、水产学 5 科。蚕业学主要课程为:数学、物理、化学、外语、动物学、植物学、农学总论、蚕业泛论、经济学、土壤学、气象学、害虫学、肥料学、养蚕学、蚕体生理学、蚕体解剖学、蚕体病理学、制种学、细菌学、制丝学、桑树栽培学、蚕丝业经济学及有关实习课等。乙种农业学校分为农学、蚕学、水产学 3 科,学制 3 年。其通修科目为:修身、国文、数学、博物、理化、体操;选修科目为地理、历史、经济、图书等;蚕学专业课程主要有:养蚕学、蚕体生理及解剖学、蚕体病理学、制丝学、桑树栽培、土壤及肥料学、气象学、蚕业法规、农学大意等。上述两类农业专门学校中,蚕业学都作为主要学科,足见当时的国民政府对蚕丝业的发展予以高度重视。根据 1918 年国民政府教育部的统计,当时全国设有乙种蚕校或乙种农校中设有蚕学的学校共114 所,年经费近 17 万元,毕业生 800 多人。

试验场,他对半沉煮缫丝法、缫丝机械设计、缫丝工艺、屋外条桑育蚕法、酸性白土干茧贮茧法、人造丝与蚕丝发展的关系等内容作了研究,在中国及日本刊物上发表了成果。他在1924年(民国13年)翻译的《蚕卵稀盐酸人工孵化法》一书对中国的秋蚕饲养起到了一定作用。[1]

1919年(民国8年),浙江省立甲种蚕业学校设立了测候所,开始了浙江省最早的农业气象观测。[2]

1926年(民国15年),浙江省立甲种蚕业学校奉教育部令改校名为"浙江省立蚕桑科职业学校"。学校增设推广部,并在杭县、余杭、临安、长兴、吴兴、德清、桐乡、海盐、海宁、崇德、嘉兴、萧山等地创立改良养蚕场17所,并派毕业生分赴各地巡回指导,共分送改良蚕种5138张,取得了大面积丰收,学校的影响因此扩大。[3]

二、其他农业技术和农业工程的初步开展

在园艺方面,1916—1937年(民国5—民国26年),温州市和浙江省园艺改良场先后4次从日本引进柑橘品种十多个,其中尾张、山田蜜柑成为全省的主栽品种。1922年(民国11年),钱江果园开始在桃、梨、柿、枇杷等果树上采用嫁接繁殖、整枝修剪、疏花疏果、套袋等技术。

---

〔1〕 朱新予(1902—1987),字心畲,浙江萧山桃源十三房村(今属浦阳镇)人。1925年7月从日本回国,1926—1928年在浙江省立甲种蚕桑学校、苏州第二农校任教员兼推广工作。1928年4月到中国合众蚕桑改良会任推广部主任兼该会女子蚕业讲习所所长。次年6月,女子蚕业讲习所迁往镇江,改名"镇江女子蚕业学校",后又易名"合众高级蚕桑科职业学校",均由朱新予任校长。1932年(民国21年)后,朱新予相继主持江苏金坛和浙江萧山两地的蚕桑改进模范区的技术指导、推广工作,还兼任南京中央大学蚕桑系讲师。1940年起任中山大学蚕桑系教授。1942年后任云南大学蚕桑系教授。抗战时期,镇江女子蚕业学校迁至云南楚雄,从1939年4月至1946年3月,朱新予一直兼任该校推广部主任。抗战胜利后,任中国蚕丝公司专职委员,兼经济部蚕丝协导会浙江区主任。1949年5月任浙江大学农学院教授。曾参与编写《中国纺织科技史》丝绸部分,主编《中国百科全书·纺织卷》丝绸部分和《浙江丝绸史》、《中国丝绸史》等以及《丝绸史研究》杂志。参见:魏佑功.缅怀我国丝绸事业的开拓者——朱新予教授.丝绸,1997(9).

〔2〕 1922—1923年,竺可桢发表了《气象与农业的关系》、《气候与人生及其他生物的关系》等作品,成为中国农业气象学研究的开端。

〔3〕 朱新予等.浙江蚕学馆.浙江文史集萃·教育科技卷.杭州:浙江人民出版社,1996:16.王庄穆.民国丝绸史(1912—1949年).北京:纺织工业出版社,1995:66.1928年(民国17年),浙江省立蚕桑科职业学校又改称为"浙江省高级蚕桑科中学"。1934年,改名为"浙江省立杭州蚕丝职业学校",直到1949年。其中在1937—1946年,学校易地十处,由浙西、浙东到浙南,历尽艰辛,但全校师生仍坚持上课。

1923 年(民国 12 年)，浙江上虞人农学家吴觉农[1]发表了《茶叶原产地考》，驳斥了英国人勃鲁士(R. Bruce)在 1826 年(道光六年)提出的"茶树原产于印度"的观点(同时也批判了 1911 年(宣统三年)出版的《日本大辞典》中关于"茶的自生地在印度阿萨姆"的错误解释)。吴觉农用史实证明，早在先秦时期中国人就开始饮茶，从而维护了中国乃"茶叶原产地"的观点。

在作物病害防治方面，1924 年(民国 13 年)，浙江省成立昆虫局，著名昆虫学家邹树文、张巨伯、蔡邦华、吴福祯、王启虞等先后在该局主持工作，在稻虫、桑虫、果虫发生和防治研究上取得了很好效果。昆虫局采用了秧田及秋季本田采卵、冬季拾毁稻根、冬耕灌水的四季治螟方法，同时还编辑出版了《浙江省昆虫局年刊》及《昆虫与植病》旬刊等，在国内有较大影响。

在农业工程方面，1915 年(民国 4 年)浙江开始销售化学肥料，由于政府提倡有机肥，管制化肥运销，导致化肥施用的范围不是很广。20 世纪 20 年代中期，浙江引进了排灌水泵和拖拉机。

在水产科学方面，1914 年(民国 3 年)江浙渔业公司在佘山开发了小黄鱼渔场。1916 年(民国 5 年)，建立水产职业学校。1917 年(民国 6 年)，浙江省立水产品制造模范工厂开始生产鱼制品罐头。

第五节　工业和交通通信技术的初步开展

技术是人类为满足生存需要而依靠自然规律和自然界的物质、能量和信息，来创造、控制、应用和改进人工自然系统的手段和方法。[2]

近代以来到 20 世纪上半叶，西方工业技术经历了两次革命：18—19 世纪中叶的第一次技术革命在蒸汽机、焦炭、钢、铁的基础上开创了以机械化生产代替手工生产的时代；19 世纪 70 年代到 20 世纪上半叶的第二次技术革命以电力的应用、内燃机和新型交通工具的创制、新型通信手段的发明为核心，发展了电力、电子、化学、汽车、航空等技术密集型产业，使人类从蒸汽时代进入了电气时代。

中国自鸦片战争以后，从学习西方技术为开端开始被迫走上了工业化

---

[1]　吴觉农(1897—1989)，原名荣堂，浙江上虞丰惠镇人，农学家，茶叶专家，被陆定一誉为"当代茶圣"。1916 年浙江甲种农业专科学校，1919 年官费留学日本，为中国第一位去国外攻读茶叶专业的学生。著有《中国茶叶问题》、《茶经述评》等多种著作传世。

[2]　中国大百科全书出版社编辑部.自然辩证法百科全书.北京:中国大百科全书出版社,1995.

道路。从 19 世纪 60 年代开始,浙江省一批有识之士开办了一些企业,购置、采用西方的机器和技术。虽然这些企业数量不多、规模又小,但却标志着浙江从数千年来的手工生产逐步进入机器生产时代。到了民国初期,浙江的工业在机械化和电气化上有了一定进展,促进了电力、丝绸、棉纺织、针织、日用化妆品、粮油加工、罐头食品、钟表制造、铁路运输和邮电通信等方面的发展,但是范围不是很广,水平也比较低下。

一、现代能源的开发和利用

浙江在南宋时期就有了煤炭的零星开采,明代规模有所扩大,到了清朝末年,兰溪马涧、常山球川、桐庐杏原庄以及江山、义乌、寿昌等煤矿仍然以小煤窑土法开采为主。民国时期,煤矿设计采用小斜井和小立井。1918 年(民国 7 年)后,长兴煤矿采用正规的沿倾向上行巷道蹬空采煤法,炮采,木支柱 3 护顶板,地压大的主要巷采用片石、钢轨拱加生铁底座的钢轨棚和水泥棚支护,采用德国制造的风钻凿眼、矿车运输,汽动绞车提升,德国制造的抽风机通风。1924 年(民国 13 年),长兴煤矿大煤山井、广兴井开凿深度均为 300 米,四亩墩井深度为 400 米。

清朝末年,浙江开始使用电。1896 年(光绪二十二年),仁和县北关(今杭州市拱宸桥一带)的世经缫丝厂自备发电机开始发电,供厂内照明。1897年(光绪二十三年),陆肖眉等创办浙江省电灯公司,后改为杭州电灯公司。同年,孙衡甫创办宁波电灯厂。1899 年(光绪二十四年),杭州电灯公司迁至葵巷,开始向民众供电。1911 年(宣统三年),杭州的浙江省大有利电灯股份有限公司板儿巷电厂安装了 3×160 千瓦德国西门子公司的蒸汽发电机组,发电能力有所提高。

辛亥革命后,1922 年(民国 11 年),杭州市艮山火力电厂建成发电,首期安装美国西屋公司制造的 800 千瓦汽轮发电机组一套,后又增装瑞士BBC公司的 2000 千瓦和美国 AEG 公司的 2300 千瓦汽轮发电机各一套,总容量 5100 千瓦。

二、传统纺织技术的机械化

浙江的传统工业是丝织和棉纺织。在距今 4700 多年前的吴兴县钱山漾遗址出土的文物中,就有高档的丝帛、丝带、丝线等丝织品。东晋南朝时,蚕丝业已经成为杭州、嘉兴、湖州等地的家庭副业。宋代,官营的织造作坊能生产绫、锦、罗、绉、绢等多种产品。鸦片战争前，浙江丝织手工业分工精细，有专业络经作坊、牵经铺、挑花匠、捻坊、料房、绒经染坊等，产品质量、花色均有提高和创新，品种达 300 种左右，如杭州、绍兴的宁绸、缎、线春、罗、纱，嘉兴、湖州的绉、纱、绵绸等。

法国于 1828 年（道光八年）发明了利用蒸汽动力的缫丝机，英国、日本等国的缫丝、丝织业也相继采用了机械化生产。19 世纪后期，浙江开始引进国外制丝、棉纺、机织、针织等现代纺织技术，使浙江的纺织业进入了机器生产时代。1862 年（同治元年），杭州蒋广昌绸庄采用了丝织机。从 1895 年（光绪二十一年）起，浙江省相继兴办了开永源、世经、合义和、大纶、公益 5 家以直缫式缫丝车为主的机械缫丝厂，标志着浙江缫丝业进入了机械化阶段。同时，浙江缫丝业也走上了改良土丝的道路。南浔等地在土丝价格和销路不如厂丝的情况下，曾用"摇经"办法，把辑里丝摇成"干经"；并将旧式缫丝车加以改良，把分散于农家的土丝车集中起来以工场的形式进行生产。

辛亥革命后，孙中山很重视蚕丝生产，他在《实业计划》中提出"按 4.5 亿人每人用绸缎 2.5 米，即需蚕茧 850 万公担[1]，生丝 7.1 万吨，产绸缎 11.25 亿米"的远大设想。1914 年（民国 3 年），帝国主义爆发世界大战，暂时放松了对中国的控制，给中国民族工业的发展提供了有利时机。浙江军政府采取了一系列改良蚕丝业的措施，如筹办模范丝厂（1913 年，民国 2 年），采用新法缫丝，成立浙江蚕桑改良会（1919 年，民国 8 年），制订茧行条例和丝厂条例（1919 年，民国 8 年），将统制收茧缫丝纳入浙江省建设厅蚕丝统制委员会领导（1934 年，民国）等，使浙江缫丝和丝织生产向半机械化、机械化过渡。

1912 年（民国元年），朱光焘邀请杭州官绅、富商集资在杭州池塘巷成立纬成公司，采用了 6 台日本手拉提花机（俗称木龙头），成为当时浙江最大规模的民族资本丝绸工业企业，并于 1924 年（民国 13 年）经留法攻读染织归来的朱维毂提议，采用桑蚕丝与人造丝交织，促进了丝织花色、品种的创新。

1914 年（民国 3 年），杭州虎林公司成立，采用花机 10 余台，专门织造三闪缎、实地纱等。同年，杭州创办武林铁工厂，试制引擎、坐式缫丝车，并于 1917 年（民国 6 年）制造出丝织机和提花机，仿制出东洋纡车等，扭转了浙江的丝绸机械依赖进口的局面。20 世纪初，浙江开始采用手摇剥茧机剥

---

〔1〕　一公担＝100 千克。

茧,后改为电动剥茧机。1918 年(民国 7 年),虎林公司茧行采用双乘柴灶烘茧,1910 年(民国 9 年)又购置了日式烘茧机。随后,浙江省内丝厂门庄茧站相继引进日本田端、大和式等烘茧机。

1915 年(民国 4 年),杭州开创了使用电力织机的历史。1917 年(民国 6 年),鼎新纺织有限公司率先引进电动铁机 110 台。20 世纪 20 年代后,铁木结构的脚踏织机取代了手拉木织机。

在丝织风格上,1921 年(民国 10 年),杭州人都锦生首次试制成功一幅 5 英寸[1]×9 英寸的九溪十八涧丝织风景像。次年 5 月,创办了都锦生丝织厂,成为中国第一家丝织风景生产厂。

除了丝织行业外,1914 年(民国 3 年)宁波成立了美球针织厂,并于 1926 年(民国 15 年)率先在省内生产纯棉汗衫等纬编针织衫。

三、现代轻工业和食品工业的出现

随着新型能源和机械的引入,民国时期浙江的轻工业也开始起步。1916 年(民国 5 年),龙游创办改良纸厂,是浙江省最早的半机械作坊式手工纸厂。1922 年(民国 11 年)1 月,杭州创办武林造纸厂[2],从美国购置 1 台年产 6000 吨的多网多缸造纸机和切料、蒸煮、打浆、洗涤及锅炉、蒸汽引擎等配套设备,于 1924 年(民国 13 年)1 月投产黄纸板,开创了浙江机器造纸的历史。

浙江的粮油机械化加工始于清末。1882 年(光绪八年),海宁县硖石镇创办的泰润北米厂,在省内率先使用机器加工大米。1900 年(光绪二十六年),杭州湖墅丁公房引进煤气机和轧粉机,建立利民面粉厂。1909 年(宣统元年),杭州建立同裕米厂,开始使用碾米机。民国初期,浙江的机器粮油加工普及还很慢,1912 年(民国元年)的嘉善县魏塘镇正大米厂和 1913 年(民国 2 年)的吴兴县申湖碾米厂采用的是柴油引擎拖动、砻机破糙、竹筛分离、米机碾白、风车扬净等半机械、半手工加工大米;而在广大乡村,仍然沿用木砻(或竹砻、泥砻、陶砻)破糙,石臼舂米,风箱除糠。在油料工业中,除杭州、宁波、嘉兴 3 家油厂拥有螺旋榨油机或水压机加工棉籽、菜籽油外,其他仍为人工炒籽、土灶蒸坯、手工包饼、木榨榨油的油坊。

在食品行业,1918 年(民国 7 年),章林生等在鄞县手工加工清汁笋罐

---

〔1〕 一英寸=2.54 厘米。

〔2〕 1931 年改组为华丰造纸股份有限公司杭州制造厂,简称华丰造纸厂。

头,并于 1920 年(民国 9 年)与陈如馨等在宁波开办如生笋厂(今宁波罐头食品厂前身),生产宝鼎牌罐头食品。从 1924 年(民国 13 年)开始,如生罐头食品厂采用固体胶热压密封法封罐,使罐头产量提高了一倍。

四、交通通信技术的引进和初步开展

浙江省在 1906 年(光绪三十二年)动工新建了沪杭甬铁路江墅段,1909 年(宣统元年)竣工通车。辛亥革命后,开始大量引进现代化交通手段和通信设施。1919 年(民国 8 年),浙江出现了第一辆汽车,次年成立省道局筹备处,开始拓宽、改建公路。20 世纪 20 年代初开始发展汽车运输业,随后加快了公路、桥梁建设,并于 1925 年(民国 14 年)建成了浙江省第一条按公路技术标准修筑的萧山县西兴至绍兴县五云门的公路,采用泥结碎石路面,并修建了下部结构为石砌台墩、上部结构为钢筋混凝土或钢桁架的永久式公路桥。1927 年(民国 16 年),宁波市采用沥青表面处理技术,修筑了浙江省第一条沥青城市道路(公园路)。

在通信领域,1917 年(民国 6 年),湖州—南浔、虹星桥—梅溪两条长途通信线路开通磁石式人工交换长途电话。1927 年(民国 16 年),国民政府军事委员会在杭州设立长波无线电台,发射功率为 500 瓦,这是浙江省最早的无线电通信。次年 12 月,该电台由中央建设委员会接管,改为短波无线电台,发射功率为 100 瓦,与上海、南京、定海、宁波进行通报。

第三章

1928—1936 年浙江的科学和技术：
体制化和独立研究

1928 年（民国 17 年），也就是国民政府成立的第二年，中央研究院创建，这是中国科学和技术史上的一件大事，是中国科学和技术研究实现体制化的标志。

按照林文熙的总结，首先，作为一个全国学术研究的最高机关，中央研究院担负着规划全国自然科学、技术科学和社会科学发展的使命，为中国现代科学的发展打下了良好的基础。其次，在中央研究院的组织下，在反映中国地方特点的学科如地质学、生物学、气象学等领域为世界科学的发展做出了贡献。第三，中央研究院所属的各个研究所在此后的 20 多年探索中，培养了大批人才，造就了一支现代科学技术研究队伍。抗战期间，中央研究院的科研与管理人员为保存科研财产、保存研究力量做了艰苦卓绝的努力，并继续进行科学研究，特别是工程研究所、气象研究所等不仅进行基础研究，还结合抗战实际需要进行了实验研究和预报工作，为抗战胜利做出了贡献。此外，中央研究院作为中国统一的科学研究组织，在促进国内学术交流、国际学术交往也发挥了不可替代的作用，如在 1933 年（民国 22 年）曾派竺可桢等人参加了第五届太平洋科学会议等。[1]

正是在中央研究院的统一领导下，中国的基础研究和应用技术进入了相对较快的发展阶段，同时也促进了浙江省的科学和技术研究事业。此间，浙江大学重新组建，成为浙江省科学教育和基础研究的核心机构，并在物理学、化学、数学等学科领域得到拓展。在技术领域，经过长期积累，浙江省的

---

〔1〕 林文熙.中央研究院概述.中国科技史料，1985(2)：24—26.

蚕桑、机械工程、交通邮电等技术也有了快速发展，众多优秀成果集中反映在了 1929 年的西湖博览会上。

第一节　地球科学的拓展

1928 年（民国 17 年），中央研究院地质研究所成立，对推动中国地质学研究起到了重要作用。地质研究所在 20 世纪 20—40 年代组织了大批人力对中国的古生物、岩石、地质构造等进行了调查，并发表了相应论著。在气象学领域，1929 年（民国 18 年）1 月成立了中央研究院气象研究所，竺可桢任所长，为发展中国的气象事业做出了卓越贡献。

一、古生物学、岩石学和地质调查

在古生物学领域，1929（民国 18 年），中央研究院地质研究所的孟宪民在绍兴等地作调查时，将覆于中生界之上的玄武岩称为"嵊县玄武岩"，时代确定为新第三纪。1930 年（民国 19 年），舒文博在富阳县唐家坞一带调查，命名了志留系唐家坞砂岩，发表了《浙江西北部的地质矿产》一文（《中央研究院地质研究所集刊》第 10 号）。1937 年（民国 26 年），中央地质调查所的许杰等在安吉、临安一带发现志留系化石，证实了志留系的存在。

在岩石学上，20 世纪 30 年代，孟宪民、张更等人先后在诸暨的陈蔡、璜山和龙泉、云和、景宁、庆元以及遂昌—金华之间分别作了考察。他们把出露在这些地区的片岩、片麻岩、大理岩和石英岩等合称为"变质岩系"，时代定为前奥陶纪或太古代。孟宪民把诸暨境内的变质地层自下而上划为"高坞坑石灰岩、水口村闪长岩、大成坞片岩和鲁村片岩"等几个单元。

在矿产勘查上，1928 年（民国 17 年），浙江省建设厅成立了矿产调查所，开始有组织地开展全省矿产资源和地下水的调查。之后，调查所的朱庭祜、孙海环、孟宪民等对浙江的煤、铁、铜、铅、锌、钼、非金属矿产资源和地下水资源进行了调查。1931 年（民国 20 年），矿产调查所组建了浙江省第一支钻探队，用国外的钻机钻探水源和煤田。

本书第一章曾提到，1926 年（民国 15 年），农商部地质调查所的谢家荣曾首次调查了浙江嵊县、新昌的萤石矿。到了 1937 年（民国 26 年），浙江矿产调查队的张廷玉测出，在嵊县、新昌的萤石矿脉中氟化钙含量约为 96%，金华、武义萤石的氟化钙含量约为 85%，临安萤石的氟化钙含量为 70%～

80％。同年,朱庭祜、郝颐寿调查了 18 个县的萤石矿,查明矿脉均产于石英脉中,含氟化钙为 54.19％～99.03％,属于浅层热液矿床。正是由于此间的勘探成果,20 世纪后半叶,浙江成为中国的主要萤石产地,素有“中国萤石的 1/3 在浙江,浙江的 1/3 在金华,而金华的 1/3 在武义”的说法,武义被誉为“萤石之乡”。顺带提及的是,20 世纪 70 年代以后,由于当地对萤石矿的过度开采,不仅使这一矿藏在二三十年后日益枯竭,而且给矿藏所在地带来了严重的地质灾害,包括武义县的地面坍塌等,而这些情况在民国时期还没有充分估计到。

1929 年(民国 18 年),中央研究院地质研究所叶良辅等人首次考察了青田县山口叶蜡石;1937 年(民国 26 年),朱庭祜等又调查得出青田县山口叶蜡石的形成乃中高温溶液与流纹岩或凝灰岩交代作用[1]的结论。

这一时期关于浙江的地质学作品还有:1934 年(民国 23 年),盛莘夫发表了《浙江地质纪要》;1935 年(民国 24 年),高平发表了《浙江东部之地质》(《地质汇报》第 25 号);1937 年(民国 26 年),西湖博物馆施听更编写了《浙江矿产志》等。

抗日战争爆发后,浙江省的地质调查被迫中断。

二、中央研究院气象研究所与大气科学研究

20 世纪 20—40 年代,世界气象观测网进入了高空气象观测阶段,在 20 世纪 30 年代开始普遍采用能迅速测得气压、气温、湿度数值的无线电探空仪,雷达测风、测雨技术也开始推广。而这一期间,中国的气象工作仍致力于改善地面气象观测网,成果主要集中在对气候资料的整编,对主要气候要素的分布图的绘制,对气候成因的分析上,也开展了关于中国气候区划,中国气候的历史变迁,天气学,中国天气与大气环流和大气振动的关系,大气环流理论等研究。

1928 年(民国 17 年)2 月,中华民国大学院决定由中央研究院筹设气象研究所,于 1929 年(民国 18 年)1 月成立。时任中国气象学会副会长的竺可桢被任命为所长(至 1946 年)。气象研究所既是当时中国的气象研究单位,也是领导全国气象事业的国家机构。1929 年(民国 18 年)建成的南京北极阁气象台同样既是中国气象科学的发祥地,也是当时中国气象科学的研究中心和业务指导中心。由于气象学的发展,气象台随即开始了天气预

―――――――――――

〔1〕 交代作用,岩石变质作用的一种,表现为接触交代作用过程中。

报业务,拟订了《气象观测实施规程》,统一了观测时制、电码型式、风力等级标准、天气现象的编码等,并开展了气象资料整编的出版业务,先后出版了《中国之雨量》、《中国之温度》、《中国气候资料》以及《气象月报》、《气象季刊》、《气象年报》等。竺可桢还领导了中国气象台站网的建设,积极进行高空气象观测[1],提出了《全国设立气象测候所计划书》,计划在十年的时间内,全国建立气象台 10 处,测候处 150 处,雨量测候所 1000 处。

与此同时,竺可桢倡导的物候学研究也开辟出一条独特的道路。物候学是研究自然界植物和动物的季节性现象同环境的周期性变化之间的相互关系的科学,主要通过观测和记录一年中植物的生长荣枯、动物的迁徙繁殖和环境的变化等,比较其时空分布的差异,探索动植物发育和活动过程的规律及其对周围环境的依赖关系,进而了解气候的变化规律及其对动植物的影响。中国古代和欧洲希腊时期都有物候方面的记载。到了 18 世纪中叶,瑞典植物学家林奈(Carl von Linné)在《植物学哲学》中论述了物候学的任务、观测和分析方法,并组织了由 18 个站组成的观测网。19 世纪 90 年代,德国植物学家霍夫曼(H. Hoffmann)建立了物候观测网,选择了 34 种植物作为中欧物候观测的对象,观测时间长达 40 年。在美国,森林昆虫学家霍普金斯(A. D. Hopkins)于 1918 年(民国 7 年)提出了北美温带地区物候现象陆空间分布的生物气候定律。

1931 年(民国 20 年),竺可桢在《论新月令》一文里总结了中国古代物候方面的成就,倡议应用新方法开展物候观测。在他的推动下,从 1934 年(民国 23 年)起,中央研究院气象研究所组织建立了物候观测网,选定了 21 种植物、9 种动物、几种水文气象现象和差不多全部农作物作为观测对象,委托各地的农事试验场进行实行,这是中国现代物候观测的开端。今天,在中国物候文献中还保留 1934—1940 年(民国 23—民国 29 年)共 7 年的观测记录。遗憾的是,由于抗战期间不少地方的观测点停止工作,仅有1934—1936 年(民国 23—民国 25 年)的记录最为完整。

---

[1] 1936 年 3 月 16 日首次回收自记仪器,取得中国最早的一批高空气压、温度、湿度记录。1935—1936 年,研究所还在南京、昆明和杭州由航空学校的飞机携带专用自记气象仪器进行高空气象观测,高度达 4000 米。研究所定期出版了 1928 年至 1937 年 1 月的《气象月刊》和《气象年报》,载有全国台站的逐日气象统计(徐家汇观象台月刊只有月值)。整编出版各地历年温度、降水量资料。1936 年,竺可桢任浙江大学校长后,先后由吕炯(1936 年 10 月至 1943 年 3 月)和赵九章(1944 年 5 月至 1946 年)任代理所长,1946 年赵九章任所长。1937 年日军入侵,研究所于 11 月迁往重庆北碚。

1929 年（民国 18 年），中国气象学会[1]参加了在万隆召开的第四届泛太平洋学术会议，竺可桢在会议上宣读了《中国气象区域论》的报告（英文稿）[2]，利用当时有限的气温和雨量资料提出了适用于中国的气候分类原则，作出了中国最早的气候区划。

1934 年（民国 23 年），竺可桢发起成立了中国地理学会（其前身是 1909 年在天津成立的中国地学会，创始人张相文）。1936 年（民国 25 年），涂长望针对竺可桢的气候区域划分进行了修正，发表了《中国气候与世界天气的浪动及其长期预告中国夏季旱涝的应用》，从全球气候规律出发，运用计算相关系数的方法研究了预报中国夏季雨量的办法。

浙江省于 1933 年（民国 22 年）成立了浙江省水利局测候所，在全省雨量站中选择了 22 处（一为 25 处）扩建为测候站，在杭州建立了二等测候所，同年又增设了 3 处高山站。1936 年（民国 25 年），杭州开始施放测风气球进行高空探测，开始发布天气预报。1935（民国 24 年）以后，浙江气象工作者的研究成果陆续得以发表，对浙江气候、梅雨、霜冻等问题进行了研究。

1936 年（民国 25 年），竺可桢出任浙江大学校长，在浙江大学开设气象课程，培养专业人才。同年，竺可桢又发表了《杭州之气候》、《气象与航空之关系》（《浙江建设月刊》1936 年）等作品。

1937 年（民国 26 年）秋，日本入侵浙江，浙江的气象学研究陷入了停顿。

第二节　生物学和医学的新进展

中华民国政府成立后，除了原有的中国科学社生物研究所外，又组建了新的生物学研究机构。

1928 年（民国 17 年），北平组建了私立静生生物研究所，由尚志学会拿出范静生生前捐款中的 15 万银元作为基金，范静生后人又捐赠其故宅作为所址，由中华文化教育基金会资助经费。秉志出任了第一任所长。从 1932 年（民国 21 年）起，改由胡先骕任所长。为了适应动植物标本日益增多的情况，研究所增设了动植物标本室，分别由张春霖和秦仁昌任动物标本室和植

---

[1]　1930 年，中国气象学会亦迁至南京，竺可桢任会长，蒋丙然任副会长。
[2]　1930 年，沈恩玛将该文译载在《地理杂志》第 3 卷第 1 期上。

物标本室主任。静生生物研究所是 1949 年(民国 38 年)以前中国最大的生物学研究机构,该所成立后对中国北方以及云南、四川、海南等地进行了广泛动植物调查,到抗战初期,静生生物研究所的动物标本达到了 37 万多号,植物标本达到了 43 万多号。

1929 年(民国 18 年),中央研究院在南京筹设自然历史博物馆,1930 年(民国 19 年)正式成立,分动、植物两组,钱天鹤任主任。1934 年(民国 23 年),改为动植物研究所,动物学家王家楫任所长兼动物部主任,裴鉴任植物部主任,这是中国最早由政府设立的生物学研究机构。

1929 年(民国 18 年),北平研究院成立后也设了生物学研究所(1934 年改为生理研究所)、植物学研究所、动物研究所,但是规模都比较小,其中生理研究所主要从事实验生物学、细胞学、生理学和药理方面的研究,动物研究所在抗战前主要对海洋动物作调查研究。

这一时期,中国科学社生物研究所和新成立的生物研究机构在中国境内进行了大规模的物种调查和标本采集活动,其中也包括浙江。秉志、寿振黄、伍献文、张孟闻、朱元鼎等先后对浙江鱼类、两栖类、爬行类、鸟类和兽类进行了调查。1932—1936 年(民国 21—民国 25 年),张孟闻报道了浙江有尾两栖类 7 种;1933—1935 年(民国 22—民国 24 年),张作干报道了浙江两栖动物 26 种,并在温岭采到了中国小鲵 10 尾成体及一批幼体;1934 年(民国 23 年),寿振黄报道了浙江鸟类 179 种和亚种;同年,秉志记述了定海的幼年抹香鲸,在《浙江通志》中记述了浙江兽类 37 种;1935 年(民国 24 年),王以康发表了《浙江鱼类初志》,记述了淡水鱼 62 种,其中有 5 个新种。

一、贝时璋关于丰年虫的研究

1928 年(民国 17 年)以后,浙江省本地的生物学研究进入了新的时期。1929 年(民国 18 年)西湖博物馆成立,建立了动物标本室。1933 年(民国 22 年),中国植物学会浙江分会、浙江省动物学会也相继成立。而浙江省本地的核心生物学研究机构则是 1929 年(民国 18 年)9 月成立的浙江大学生物系,贝时璋、罗宗洛、谈家桢等先后在此任教并开展研究。

民国中期,浙江省在生物学领域最突出的成就当属贝时璋在丰年虫的中间性个体研究中发现了生殖细胞解体和形成机理,为以后提出的细胞重组理论打下了基础。

贝时璋(1903—2009)(见图 3-1)于 1903 年(光绪二十九年)10 月 10 日

出生于浙江省镇海县憩桥镇。12 岁时,随父亲外出求学,先在汉口的德华学校、后到上海的同济医工专门学校德文科读中学。1921 年(民国 10 年)在同济医工专门学校的医预科毕业后到德国留学,先后就读于弗莱堡、慕尼黑和土滨根大学。1928 年(民国 17 年)3 月在土滨根大学获得自然科学博士学位,毕业后留校任助教,在著名的实验生物学家哈姆斯(J. W. Harms)指导下从事科学研究。贝时璋在德国的

图 3-1 贝时璋

八九年间,受到了德国严格的生活习惯和深刻的学术思想的影响,对他以后的科研生涯产生了直接作用。1929 年(民国 18 年)秋,贝时璋回国;1930 年(民国 19 年)4 月,他应邀筹建浙江大学生物系,8 月被聘为副教授。

浙江大学生物系办系伊始,师资匮乏,贝时璋一个人开出了组织学、胚胎学、无脊椎动物学、比较解剖学、遗传学等课程。除了讲课外还坚持科学研究,即使在抗战西迁期间仍然孜孜不倦地进行探索,为浙江大学生物系创造了浓厚的学术气氛。在浙江大学的 20 年间,他先后担任了生物系主任、理学院院长,培养了众多学生,推进了中国生物科学的发展。

1932 年(民国 21 年),贝时璋在杭州松木场稻田里采得南京丰年虫(Chirocephalus nankinensis)及其五种类型的中间性个体,他发现其生殖细胞的改变是通过原来生殖细胞的解体和新生殖细胞的形成实现的,当组成细胞的物质形成(细胞解体产生的卵黄粒)在环境条件适应时可不通过细胞分裂的方式形成细胞。1934 年(民国 23 年),贝时璋在浙江大学生物系的一次讨论会上报告了这些现象,初步提出了细胞重建的假说,并先后撰写了《南京丰年虫二倍体中间性》、《卵黄粒与细胞之重建》和《关于丰年虫中间性生殖细胞的转变》三篇论文。贝时璋分析了全部五种类型中间性丰年虫性转变过程中生殖细胞的解形和重建的情况,叙述了从卵黄颗粒(卵黄粒)转变为完整的细胞的现象,探讨了它的机制。他之所以称之为"细胞重建",是因为"重建"有"复兴"的意思,表现为卵黄颗粒具备组成细胞的一切原料,细胞解形产生了卵黄颗粒,卵黄颗粒反过来提供了重建细胞的材料。这说明,当组成细胞的物质基础存在以及环境合适的时候,可以不通过细胞分裂的方式形成细胞。

但是这三篇论文直到 1942 年(民国 31 年)和 1943 年(民国 32 年)才

发表[1],一方面是由于抗日战争期间浙江大学屡次迁校、动荡不安,没有合适的期刊投稿,直到 1942 年 *Science Record* 创刊,才得以投稿并发表;另一方面也由于贝时璋对自己的结论尚存疑问,即如果说可以通过除细胞分裂以外的细胞重建的方式繁殖增生细胞,这必将被看作是对生物学的"亵渎",因为自从德国病理学家微耳和(R. Virchow,1821—1902)于 1871 年(同治十年)提出"细胞以分裂产生细胞"、"细胞分裂为产生细胞之唯一方法"的观点以来,生物学界无不将其奉为金科玉律。而贝时璋的工作似乎只是一个"孤证",不足以说明规律性问题。然而,贝时璋的论文发表后却未受到任何责难,既然没有响应,也就没有办法进行讨论,而且当时还有其他事情等着他做,他就将这项工作暂时放了下来,直到 20 世纪 70 年代才又重新投入研究。[2]

二、医学的进展和中西医存废的讨论

在医学领域,20 世纪 30 年代初,浙江省已经建成了 19 家大中型中药厂,19 所西医医院,28 所西医诊所。西药进入了浙江后,西医治疗技术也得到进一步推广。1932 年(民国 21 年)成立的中华医学会杭州分会(后改为浙江分会)更是促进了临床医学的发展。1929 年(民国 18 年),洪式闾[3]等一批浙江学者投身于预防医学研究,创办了杭州热带病研究所,在浙江省进行传染病、寄生虫病的流行病学调查和防治技术研究。1933 年(民国 22年),洪式闾总结经年的研究经验,出版了《杭州之疟疾》一书。

浙江省政府也组建了省级卫生试验所,聘请德国人罗赛(Rose)为技术顾问,试制霍乱、鼠疫苗和牛痘疫苗。20 世纪 30 年代,浙江省开始组织医疗防疫队、血吸虫防治工作队,对公众宣传改良水井、示范公厕,推行新法接生婴儿和组织学生体检等。1934 年(民国 23 年),陈方之撰写的《血蛭病之研究》将浙江血吸虫病流行区划分为浓厚地(17 个县)、稀薄地(14 个县)、最稀薄地(6 个县)、免患地(37 个县),描述了血吸虫病省内流行的情况。

---

[1] Pal. S. Dkploide Intersexen bei Chirocephalus nankinensis Shen. *Science Record*,1942(1):187-197;贝时璋.卵黄粒与细胞之重建.科学,1943,26(1):38—49; Pal S. Ueber die transformation. Der Chirocephalus-Intersexenet Rec, *Science Record*,1943(2):573-583.

[2] 贝时璋.七十年的细胞重建研究.生物化学与生物物理进展.2003,30(5):Ⅶ—Ⅷ.

[3] 洪式闾(1894—1955),中国寄生虫学的开拓者,浙江乐清人。于 1929 年创办杭州医院于花市路温州会馆,并发表《筹设杭州医院宣言》,申明创办杭州医院:"不唯为民众谋幸福,抑且为国家争体面。""有生之日,誓与异族以周旋,未死之心,愿为国家而奋斗。"

1928年(民国17年),绍兴福康医院应元岳在兰亭乡发现了两例肺吸虫病人,这是中国人体肺吸虫病的首次报告。1934年(民国23年),浙江省卫生处和中央卫生实验院对肺吸虫生活史进行研究,确定兰亭肺吸虫的第一中间宿主是黑螺,第二中间宿主是石蟹。

1933年(民国22年),浙江省立医药专科学校建立药科实验室、药理学实验室。1935年(民国24年)该校赵橘黄和徐伯鋆编著了《现代本草——生药》(上册)。1937年(民国26年),叶三多编著了《生药学》(下册)。

在药物分析研究方面,1929年(民国18年),浙江省卫生试验所设立化学科,开展药品鉴定和毒物分析。该所黄鸣驹从桐乡县送来的卫生油漆中,检出鸦片、罂粟碱及微量吗啡。1931年(民国20年),黄鸣驹编著《毒物分析化学》,这是中国第一部以现代科学观点编写的专著,对现代药物分析学科的建立和发展起到了重要作用。

这一时期,浙江医界在中西医结合上也做了大量工作。1928年(民国18年),虞祥麟在杭州创办了浙江第一家骨伤专科医院——祥麟医院,虞祥麟任院长,并聘请少林派传人达芦和尚为顾问,董志仁为门诊部主任。医院设床位80余张,并从上海购买了X射线机作为诊断工具。为了提高中医伤骨科的医疗护理水平,医院还举办了护士培训班,这是中医伤骨科护理史上的第一次记录。祥麟医院的创办,大大推动了浙江伤骨科的发展和中西医技术的结合,日本入侵后,医院被迫停办。此外,1933年(民国22年),阮其煜等还编成了《本草经新注》,为本草汇通中西医理论作了初步尝试。

但是随着西医在中国的普及,传统中医学受到了歧视和排斥,两个医疗体系之间进行了旷日持久的斗争。1929年(民国18年),余云岫[1]、汪企张等人向国民政府中央卫生委员会提出了名为"废止旧医以扫除医事卫生之障碍案"的提案,认为"旧医一日不除,民众思想一日不变,新医事业一日不能向上,卫生行政一日不能进展",该提案被写入2月25日的会议记录,经卫生委员会修改,以"规定旧医登记案原则"的决议加以实施。此案一出,中国医学界立即爆发了抗议风潮。3月初,上海中医协会发出正式通告,定于3月17日在上海总商会召开全国中医中药团体代表大会,请各地中医中药团体推选2~3人参加。杭州市的赴会代表有杭州市医学分会沈靖尘、李天球,杭州三三医社裘吉生,浙江省中医协会汤士彦、沈仲圭、刘瑶栽,杭州国药业公会余绣章、方惠卿、方亦之,杭州药业职工会叶滋芬等。杭州医学

---

〔1〕 余云岫(1879—1954),浙江镇海人。1905年赴日本留学,1916年毕业回国,1917年写成《灵素商兑》一书,全面批判和否定中医学。

公会还电呈国民政府卫生部称："少数西医诋斥国医，倡议废止，视国医如仇，甘充西药之贩卖人。忘本求标，乃欲消灭我国固有之文化和学术，直接间接使帝国主义经济侵略政策完成。揣其居心，呈不堪问。"卫生部复电云："中药一项本部力主提倡，唯中亦拟设法改进，以期其科学化。"[1]

3 月 17 日，全国中医药团体代表大会在上海总商会如期召开，共有 262 人参加，代表全国 15 个省的 132 个团体。大会经过 3 天讨论，提出的提案多达 100 多件，大致内容包括：

第一，发表宣言，否认废止旧医提案；

第二，组织"全国医药团体总联合会"，为一永久性医药机构；

第三，组织请愿团进京，向全国代表大会及政府及其各有关部门请愿，要求撤销废止旧医的提案；

第四，国医学校应列入正规的学校教育系统，准予立案，在各省设立国医药学校、研究所、图书馆及药物陈列馆；

第五，加强宣传中国医药学；

第六，确定 3 月 17 日为国医节等。

当时国民政府，包括行政院、监察院及卫生部均公开表示并无废止中医的意图，但在实际工作中却仍持歧视中医的态度。如教育部及卫生部均有训令禁止中医办学校、医院，并明令把学校改为传习所，医院改称医室或医馆，禁止中医利用西药及西法，且由卫生部下令修改"全国医药团体总联合会"的会章。这些举措又一次激怒了中医药界，在同年 12 月再度开会反对政府阻碍中医药发展的政令。国民政府不得不于复函，称已"命令撤销"上述各项政令，以平民愤。

1930 年（民国 19 年），一些中医代表向政府建议成立"中央国医馆"作为发展中医学的机构。为了缓和中医药界的情绪，国民党中央于 5 月同意设立中央国医馆，各省设分馆。次年，该馆正式成立，1933（民国 22 年）年制定了国医馆《整理国医药学术标准大纲》。后来，又提出《国医条例》，目的在于审查国医资格、"管理国医以资整理而利民生"。这个提案曾遭到当时的行政院长汪精卫的反对。几经周折，终于在 1936 年（民国 25 年）1 月提交中央执行委员会办理并予以公布。《国医条例》公布时是以国民政府之明令，由其主席及立法院院长签署，以《中医条例》的名义发布的。自此，中医

〔1〕　郑琴隐.1929 年反对废止中医中药的斗争.浙江文史集萃・教育科技卷.杭州:浙江人民出版社,1996:520.

学校又得到了合法地位。[1]

第三节　物理学的起步

物理学是研究物质世界的结构、相互作用和一般运动规律的学科。20世纪以后,西方物理学经历了一场革命而进入现代阶段。这一时期中国物理学家所做的研究绝大部分都是通过研究生的身份在国外进行和完成的,中国人在国外刊物上发表的物理学论文也几乎都与他们在国外实验室的工作有关。

1917 年(民国 6 年),饶毓泰考入普林斯顿研究生院,跟随著名物理学家康普顿(Arthur Holly Compton)研究原子和分子光谱。1922 年(民国 11年),饶毓泰在美国权威杂志《物理评论》上发表论文《水银蒸汽的低压弧光和它对荧光的影响》。1929 年(民国 18 年),他又赴德国莱比锡大学波斯坦天文物理实验室进行科学研究,完成了论文《论铷和铯的基本线系的二次斯塔克效应》。1923 年(民国 12 年),叶企荪在哈佛大学研究了高压对铁族元素磁化率的影响。严济慈在法国巴黎大学留学,师从物理学家夏尔·法布里(C. Fabry)研究光谱学[2]。1924—1926 年(民国 13—民国 15 年),吴有训在美国芝加哥大学从事 X 射线散射研究,进一步证实和完善了康普顿效应。1927 年(民国 16 年),王守竞在美国物理学会第 147 次年会上,宣读了题为《论普通氢分子的问题》的论文,把量子力学成功地应用于分子现象,得到了国际同行的承认。其他还有施汝为先后在美国伊利诺伊州立大学和耶

---

〔1〕　郑琴隐.1929 年反对废止中医中药的斗争.浙江文史集萃·教育科技卷.杭州:浙江人民出版社,1996:522—523,530—534.

〔2〕　严济慈(1901—1996),字慕光,浙江东阳人。物理学家、教育家,中国现代物理研究奠基者之一。1923 年赴法国巴黎大学留学。仅用一年时间就考得巴黎大学三门主科——普通物理学、微积分学和理论力学的证书,获数理科学硕士学位,之后师从物理学家夏尔·法布里(C. Fabry)。1927 年,刚刚当选为法国科学院院士的法布里在首次出席的法国科学院的例会上,宣读的论文就是在他的指导下由严济慈完成的博士论文《石英在电场下的形变和光学特性变化的实验研究》,这是法国科学院第一次宣读一位中国人的论文。1928 年冬,严济慈赴法国从事研究工作,期间到居里夫人(Curie)的实验室帮助安装调试显微光度计并用以进行测试研究。1930 年年底回北平,出任北平研究院物理研究所专任研究员兼所长,一年后又兼任镭学研究所所长。在连续光谱的研究中取得了重大成果。1932 年参与创建中国物理学会。1935 年与法国科学家约里奥·居里(Joliot Curie)、苏联科学家卡皮察(П. Л. Капица)同时当选为法国物理学会理事。抗战期间,开展救国社会活动,并在科研制造上对无线电发报机、五角测距镜和望远镜的生产做出了重要贡献,1946 年获国民政府胜利勋章。1948 年当选为中央研究院院士。

鲁大学从事磁学研究,萨本栋在美国斯坦福大学研究交流电机和电路理论,吴大猷在美国密歇根大学研究原子和分子物理以及光谱学,赵忠尧在加利福尼亚大学最早观察到正负电子对的产生和湮没等。

随着留学生归国,中国开始了物理学教育。1918 年(民国 7 年),北京大学设立了中国第一个物理系,何育杰任系主任。1920 年(民国 9 年),颜任光辞去美国芝加哥大学物理讲师职位,回国接任北京大学物理系主任职位,并同丁燮林、李书华一起开创了物理实验课,开始对中国学生进行物理理论和实验培训。到了 20 世纪 20 年代后期,随着物理学人才的增多,特别是出国深造并获得硕士和博士学位的研究人员陆续回国充实到中国大学,中国的物理学具备了独立研究的基础。

1926 年(民国 15 年),清华大学建立物理系,由叶企荪、萨本栋、吴有训、周培源、赵忠尧等主持。1927 年(民国 16 年),燕京大学物理系在谢玉铭的主持下开始招收研究生。到了 1931 年(民国 20 年)前后,中国设立物理系的高校已达到 27 所。[1]

1928 年(民国 17 年)3 月,中央研究院成立前,曾在上海成立了国立中央研究院理化实业研究所,下设物理、化学和工程三个组。7 月,三个组独立为三个研究所,中央研究院物理研究所宣告成立,由丁燮林任所长。研究所先后组建了南京紫金山地磁台、物性、X 射线、光谱、无线电、标准检验、磁学等实验室以及金木工场,除开展各项研究外,还制造理化仪器供全国中学和大学及研究机构使用,为促进中国的物理学的发展做出了贡献。1929 年(民国 18 年),北平研究院成立物理研究所,曾任北京大学代理校长的李书华教授出任所长。1930 年(民国 19 年),北平研究院设立镭研究所,由严济慈任所长。中央研究院物理研究所和北平研究院物理研究所的设立无疑对中国的物理学研究起了导向作用。

但是,20 世纪 30 年代前后,中国物理学家在国内完成的研究也要发表到国外刊物上,如吴有训的论文《单原子气体所散射之 X 射线》是他在清华大学研究的成果,于 1930 年(民国 19 年)发表在英国的《自然》(Nature)周刊上。据统计,20 世纪上半叶中国物理学家在国内外发表的论文和科学报告将近 1000 篇,绝大部分都以外文(英文、法文、德文)发表,只有一小部分发表在《中国物理学报》上,还有一些刊登于《国立中央研究院物理研究所集刊》、《(国立北平研究院)物理学研究所丛刊》、《国立清华大学理科报告(甲

---

〔1〕　何艾生等.中国民国科技史.北京:人民出版社,1996:92—93.

种)》以及各大学的学报。[1]究其原因,不仅是因为当时中国缺乏稳定的政治环境和必要的研究经费;也是因为缺少物理学研究必需的仪器设备和资料信息,中国物理学家只能利用在国外学习和工作的机会进行实验操作;同时也不排除当时中国工业基础薄弱,缺乏对物理学、化学这样基础研究的需求,研究成果只能在国外才能获得承认。实际上,也正是由于中国早期科学家的留学经历和他们的勤奋工作,才与西方科学界建立了联系。抗日战争爆发前,每年都有国际知名科学家访华。1933 年(民国 22 年)11 月,马志尼访问中国;1934 年(民国 23 年),美国化学家朗缪尔(I. Langmuir)来中国讲学;1935 年(民国 24 年),物理学家狄拉克来中国访问并讲学;1937 年(民国 26 年)5 月,物理学家玻尔访问中国。他们的到来对物理学在中国的传播和发展起了促进作用。

浙江省的物理学研究与教育就是在这样的大背景下起步的。1928 年(民国 17 年)夏,浙江大学创办文理学院,设有物理系,当时的校长兼院长邵裴子邀请张绍忠担任物理系首任系主任,从此开始了浙江现代物理学的教育和研究工作。

一、张绍忠与浙江大学物理系的创办

张绍忠(1896—1947,光绪二十二年至民国 36 年,见图 3-2),字荩谋,浙江省嘉兴县人,是中国最早从事高压物理研究的物理学家之一。1915 年(民国 4 年),张绍忠考入南京高等师范学校,1919 年(民国 8 年)毕业后留校任助教一年,1920 年(民国 9 年)考取留美公费生,1922 年(民国 11 年)在芝加哥大学获得理学学士学位,1924 年(民国 13 年)在哈佛大学攻读硕士学位,师从布里奇曼(P. W. Bridh-man)从事高压下的物性研究。1946 年(民国 35 年),布里奇曼因在开拓高压物理方面的卓越成就而获得诺贝尔物理学奖,布里奇曼的实验室也成为当时国际最高水

图 3-2 张绍忠

平的高压物理实验室。张绍忠利用这一有利条件开始研究高压对液体介电常数的影响。关于这方面的工作,前人虽有涉及,但是缺乏实验和理论上更

〔1〕 严济慈. 二十年来中国物理学之进展. 刘咸选辑. 中国科学二十年.《民国丛书》第一编科学技术史类. 上海:上海书店,1989:45—56.

为深入细致的探索,且最大压力均在 800kg/cm² 以下。1926 年(民国 15年),基罗波洛斯(S. Kyropoulos)发表他的工作成果时,最大压力仅为3000kg/cm²。张绍忠利用实验室中压强 12000kg/cm² 的设备进行了系统研究。他用一个电容桥和一个特制的液体蓄电器测定甲苯、二硫化碳、正戊烷、正己烷、乙醚及异戊醇的介电常数。所用温度为 30℃和 75℃(异戊醇的温度为 22.4℃),频率为 600Hz、1kHz 和 2kHz,对各种误差进行了细致校正。实验精度为:对 30℃和 75℃时的甲苯、二硫化碳、正戊烷、正己烷,以及30℃时的乙醚均高于 0.1%,对 75℃之乙醚为 0.2%,对 22.4℃之异戊醇为1%。从实验测出,前四种液体的介电常数几乎与所用频率无关,后两种液体之介电常数随频率升高而下降。所有液体的介电常数均随压强的增加而增加。而克劳修斯—莫索提(Clausius-Mosotti)表示式的数值随压强渐增而渐减。其随压强之增大(从 1 到 12000 大气压)而减小的值在甲苯和二硫化碳为 3%,在乙醚为 8%,在异戊醇为 19%。张绍忠还指出,减少的值明显地随电偶极矩的增加而增加。张绍忠以这项研究写成硕士学位论文,于1927 年(民国 16 年)通过了答辩。

学成归国后,张绍忠先应胡刚复之邀赴厦门大学任教授兼系主任。1928 年(民国 17 年),来到浙江大学创建物理系,邵裴子聘他为教授兼系主任,不久又兼任文理学院副院长。他从厦门大学物理系还邀请到朱福炘助教和金学煊技工,于是一位教授、一位助教、一位技工承担起了最初的浙江大学物理系的工作。当年就招收了新生,开设了一年级全部物理学课程和实验。

为办好物理系,张绍忠致力于师资、图书馆和实验室建设,在短短四五年时间里,先后聘请了王守竞、束星北、徐红铣、何增禄、郦堃厚、郑衍芬等为教授,还聘请了顾功叙、吴学蔺、吴健雄等为助教,形成了很可观的师资阵容。经过他多方努力,还争取到了购置图书和仪器设备的大笔经费。

然而当时中国的所有科学仪器甚至某些零部件都要到国外购买,而且价格昂贵,一只壁装电流计的架子就近 10 美元。在实验室建设上,张绍忠听取了何增禄的意见:首先要购置车床等设备,以便自行设计、制造并维修所需的仪器和教具。

二、何增禄对浙江大学物理系的贡献

图 3-3　何增禄

　　何增禄（1898—1979，光绪二十四年至 1979 年，见图 3-3）浙江诸暨人，是当时国际知名的高真空技术专家。1919 年（民国 8 年）9 月，他考入南京高等师范数理化部学习，1929 年（民国 18 年）8 月毕业后任清华大学助教，1930 年（民国 19 年）9 月自费赴美加州理工学院学习，并在该院诺曼·布里奇（Norman Brighe）物理实验室研究高真空技术。

　　自从 1915 年德国的盖德（W. Gaede）提出高真空扩散泵原理的设想、次年美国 I. 朗缪尔制成世界上第一台水银扩散泵之后，高真空技术及其相关的实验技术、工业生产技术便迅速发展起来。但不久发现，水银的蒸汽压过高，限制了真空度的提高，又产生了人造有机油的玻璃扩散泵，水银扩散泵逐渐被淘汰。之后，科学家又进行了种种改进油扩散泵抽气速率的尝试。1932 年，何增禄以高超的实验技巧成功地制成了 4 喷嘴和 7 喷嘴扩散泵。泵体的多个喷嘴极大增加了喷嘴缝的有效面积，扩大了箱体尺寸，并增加了狭缝上方的空间，使其阻力减至最小，使扩散泵的抽气速度达到恒定。当他把自己的设计以"多喷嘴扩散泵"为题发表后，受到美国物理学界和技术界的重视。同年，何增禄又进一步研究了扩散泵的设计理论问题。他不仅分析了泵体中诸元件各处的尺寸、距离与抽速的关系，还把泵的实际抽速与理想的最大抽速之比定义为"抽速系数"。这一概念的提出，为扩散泵的理论研究奠定了基础，对高真空泵的设计、制造具有重要意义，对于美国实验物理学界也是杰出的贡献。从此之后，油扩散泵的设计和制造不再是工艺技巧性的摸索，而是走上了有理论指导的高效生产道路。何增禄设计制造的多喷嘴扩散泵便被称为"何氏泵"，他提出的"抽速系数"被称为"何氏系数"，国外文献和书刊上称为 H 系数，至今仍被公认和引用。为了更好地定量研究高真空程度，何增禄及其合作者又设计了高灵敏记录膨胀计。

　　1933 年（民国 22 年），何增禄获得美国加州理工学院理学硕士学位，回国后任浙江大学物理系副教授。他与张绍忠一起不但精心指导实验，还亲自设计制造仪器和教具，包括壁装电流计架子、精密的多级水银扩散真空泵及油泵等设备。不仅节约了大量经费、充实了实验设备，还锻炼培养了人才。

通过全系教工的艰辛创业,浙江大学物理系很快成为了当时中国实验条件突出的物理系之一。

1935 年(民国 24 年),新任浙江大学校长郭任远擅自将中华文化基金会拨给物理系购置设备的外汇挪作他用,引起了物理系师生的不满。为抗议此事,张绍忠率先提出了辞呈,转去南开大学物理系任教授兼系主任;何增禄随后转到山东大学任教授;暑假后,全系教职员工相继离校。直到1936 年(民国 25 年)竺可桢出任浙江大学校长后,才把张绍忠和何增禄重新请回浙江大学,原来离去的教职员工也一一被聘回。何增禄在返回浙江大学时还邀请了山东大学的同事王淦昌来浙大,使浙江大学物理系又增添了新的力量。此后,何增禄在 1940—1943 年(民国 29—民国 32 年)、1947—1952 年(民国 36 年至 1952 年)两度出任浙江大学物理系主任。

第四节 浙江大学化学研究所和化工研究所的创立

化学是研究物质的性质、组成、结构、变化和应用的科学。20 世纪以后,由于应用物理学理论和技术、数学方法以及计算机技术,化学在有关物质的组成、结构、合成和测试等方面有了新的进展,在无机化学、分析化学、有机化学和物理化学等四大分支的基础上产生了新的分支。

鸦片战争后,中国出版了第一部介绍西方近代化学的书籍《博物新编》(1855 年,咸丰五年)。另一部译作是《格物探原》(1856 年,咸丰六年),其中第一次把 Chemistry 译为"化学"[1]。京师同文馆和上海江南制造局附设的翻译馆等翻译机构也系统地翻译、出版了大量西方近代化学和化工书籍,引进了较多的化学理论知识,为中国的化学教育和研究奠定了基础。

1897 年(光绪二十三年),杭州知府林启在"求是书院"创立之初就设立了文理学院化学系,同时设有化学试验室。1903 年(光绪二十九年),清政府颁布的《学堂章程》中把化学作为初等小学堂、高等小学堂和中学堂的必修课,高等学堂(大学预科)也把化学列为报考理工农医大学的必修课,开设了化学总论、无机化学和有机化学,并辅以实验。大学堂(大学)的理科设化学门(系),讲授无机化学、有机化学、分析化学、物理化学、应用化学等课程;工科设应用化学门(系),开设无机化学、有机化学、制造化学、冶金学、电气化学、工业分析和化学史等课程;其他专业则设有制药化学、检验化学、卫生

---

[1] 潘吉星.谈"化学"一词在中国和日本的由来.情报学刊,1981(1).

化学、生理化学、农艺化学、发酵化学和森林化学等课程。[1] 开设课程种类之多,已不亚于中国 20 世纪 50 年代的大学。

中国的化学研究开始于 20 世纪 20 年代,研究中心除了由外国人主持的协和医学院外,还有清华大学、北京大学、南京中央大学和广州中山大学,它们各自都有一支阵容强大的研究队伍,工作成绩卓著。[2] 协和医学院的生物化学与生理化学研究在中国起步早、发展迅速,1925 年(民国 14 年)前后,陈克恢关于麻黄素的药性研究在世界上引起轰动。此外,有机化学研究也在 20 世纪 20 年代起步,至于无机化学、分析化学、物理化学等,尽管在研究的质与量上都不如前两者,但它们在中国都同样是从无到有,共同构成了中国完整的化学学科体系。

民国中期,浙江大学先后建立了化学研究所、化工研究所。李寿恒、王葆仁、王琎、丁绪贤等对化学研究和人才培养做出了重要贡献。

李寿恒(1898—1995,光绪二十四年至 1995 年,见图 3-4),出生于江苏宜兴。1915 年(民国 4 年)考入南京金陵大学农化系,1920 年(民国 9 年)7 月赴美留学,先在密歇根大学,后转入伊利诺大学化学系,主要学习工业分析、工业化学、有机化学、燃料与燃烧等以化工为重点的课程,并取得了学士、硕士学位。之后,他在世界能源专家、曾任美国化学学会会长的帕尔(S. W. Parr)教授的指导下完成了化学工程学博士论文,于 1925 年(民国 15 年)6 月获得博士学位。他的博士论文题目是"硫铁矿的氧化对煤自燃

图 3-4 李寿恒

的影响",针对第一次世界大战后煤炭开采、运输和储藏过程中的自燃现象提供了研究数据和解决途径。该文先后刊载于 *I. E. C.* 和 *Fuel*,受到了美国企业界和学术界的重视。

1925 年(民国 14 年)7 月,李寿恒回国,先后在东南大学、金陵大学任教授。1927 年(民国 16 年)4 月来到杭州,在浙江大学的前身浙江公立工业专门学校任教授、应用化学科主任。李寿恒到校不久即发现,原先按日本模式

〔1〕 奏定学堂章程. 成都官商局,1903.

〔2〕 这种区域布局也使初期的化学研究在全国范围内发展得较为平衡。但不久以后,广州方面因陈可忠因病离职而受影响,南京方面因曾昭抡改就北京大学之聘而使研究暂时停顿,于是北平就成为全国化学研究的中心,再加上北平研究院化学所、燕京大学、中法大学以及天津南开大学的共同努力,使平津地区的研究力量愈加强大。直到 1934 年(民国 23 年)中央研究院化学研究所在上海改组,中央大学重新开始有论文发表,才又恢复了南北两方的研究工作并驾齐驱的局面。

办学的理念使应用化学科的学生仅仅局限于工艺学的学习，不利于理论的发展。他很赞赏美国刚兴起的化学工程学的教育理念，认为学生必须学习化工生产的共同规律，以研究化工过程的开发、化工单元操作的设计计算为目标。为此，他向学校建议将应用化学科改为化学工程科。他的建议得到校务会议的批准，并受聘为化学工程科首任主任。从此，新兴的化学工程学科被引进中国高校，李寿恒也成为中国化学工程教育的创始人。

浙江公立工业专门学校于 1928 年（民国 17 年）发展成浙江大学后，李寿恒又在浙江大学创立了中国高等学校的第一个化学工程系，培养了我国第一批化学工程学学士。1930 年（民国 19 年），他领导化工系建立起四大基础化学及分析化学等 6 个实验室和化工药品室，以及制革、油脂、染色等 3 个小型化工厂。1937 年（民国 26 年），他发表了《Parr 氏纯煤热值分类法对中国煤适用性研究》。同年，李寿恒开始指导研究生，成为中国高校第一位化学工程系的研究生导师。

李寿恒在担任浙江大学化学工程系系主任期间，始终瞄准美国化工教育的水平，制定了把我国第一个化学工程系建成世界一流水平的远大目标。他提出的按照化学工程学科要求的办学和培养人才观点对推动我国化工教育、化工科技、化学工业与工程的创建和发展都具有划时代的意义。但是当时有些大学却认为化学工程不适合我国国情，不愿意接受新兴学科，如交通大学、清华大学，它们建立化学工程系的时间比浙江大学晚了 20 年。

第五节　农业科学和技术的深入研究

1928—1937 年（民国 17—民国 26 年）是浙江农学发展较快的时期，在蚕种改良、土壤、农艺、病虫防治、家畜育种方面出现了可喜成果，农业机械也有了进一步推广。

一、农业环境科学的成就

在土壤学方面，20 世纪 30 年代，中央地质调查所的余浩、侯光炯、马溶之、朱莲青、宋达泉等分别在杭州、兰溪、舟山进行首次土壤调查。马溶之等将全省土壤划分为灰棕壤、红壤、幼红壤、紫棕壤、无石灰性冲积土、湿土（即水稻土）、盐渍土和脱盐土等 8 个土类；俞震豫等从土壤的耕作、生产性能和理化性状上的差别，将全省土壤划分为 19 个土科、73 个土组、391 个土种，建立三级分类制。1936 年(民国 25 年)首次绘制了浙江土壤图,包括朱莲青等人绘制了普陀山土壤图(比例尺 1∶50000),马寿微等人绘制了杭县土壤图(比例尺 1∶100000)。第一次土壤普查时,采用旧 1∶50000 地形图做野外工作底图,调查者用目测、步量等方法勾绘土壤界线,而后缩绘成第一代 1∶500000 土壤图。

二、作物生产技术的推广

民国时期,化肥开始销售。1930 年(民国 19 年),浙江销售化肥 2.5 万吨。1932 年(民国 21 年),浙江省设立推广有机肥料委员会,提倡施用有机肥料,推广堆肥沤肥和种植绿肥。同年,浙江省农林改良总场设化肥管理处,管理化肥运销。1933 年(民国 22 年),浙江省禁止进口单纯氮肥,规定对其他化肥和混合氮肥的输入,须先报建设厅审核。

1927 年(民国 16 年),根据浙江大学劳农学院谭熙鸿的建议,浙江大学增设了蚕桑系,并在笕桥建立浙江蚕业改良场,进行桑树栽培技术、养蚕育种试验、杂交试验等研究。同年秋,蚕桑系正式开课,招收学生 19 人,修业期为 3 年,校址设在杭州华家池,专业课皆聘请国内外知名学者讲授。1928 年(民国 17 年),浙江大学劳农学院改名为"国立浙江大学劳农学院"。1929 年(民国 18 年),蚕桑系改名为"国立浙江大学农学院蚕桑系"。1931 年(民国 20 年)春天,蚕业改良场迁往余杭留下小和山。1933 年(民国 22 年),蚕桑系派员赴浙江各县调查蚕业概况,采集各地当家品种,连同保育的日本种、西亚种、欧洲种共 102 个,首开中国大量保育蚕品种之先河。这一年,蚕桑系又从余杭、新昌、诸暨等县征集一化性品种 23 种以及余杭县的二化、多化品种。

1934 年(民国 23 年),吴载德[1](见图 3-5)从浙江大学农学院蚕桑系毕业,到浙江省蚕种监管所任技佐。1935 年(民国 24 年),浙江省蚕种监管所并入浙江省蚕桑改良场,吴载德随之调入改良场新成立的试验股,从事桑蚕新品种选育及改进蚕桑技术的研究工作。1935—1936 年(民国 24—民国 25 年)初,吴载德到日本考察,回国后一方面继续收集地方蚕品种进行性状

────────────

〔1〕 吴载德(1914—2007),1914 年 2 月 10 日出生,浙江杭州人。蚕体解剖生理学家。1929—1934 年在浙江大学农学院预科及本科学习,获农学学士学位。1934—1937 年任浙江省蚕桑改良场任技佐、技士,1936 年赴日本考察,抗日战争爆发后,调任四川省农业改进所蚕丝试验场试验股副技师,后任川南蚕桑研究室主任,长期致力于蚕业高等教育和科学研究,发表了《家蚕化性之研究》(1941 年)、《桑蚕幼虫生长式的研究》(1956 年)等论文。

研究,另一方面着手进行杂交育种工作。1937 年(民国 26 年),抗日战争爆发,浙江省蚕桑改良场解散。1938 年(民国 27 年),吴载德到了四川南充,任四川省农业改进所蚕丝试验场试验股副技师,后任川南蚕桑研究室主任,从事蚕业高等教育和科学研究工作,并于 20 世纪 40 年代揭示了蚕卵内过氧化氢酶与滞育的关系,研究了家蚕幼虫的生长发育规律,提出了以数学公式表示家蚕生长速度的家蚕幼虫生长模式。

图 3-5　吴载德

　　1930 年(民国 19 年),浙江省建设厅在上虞县五夫创办稻麦改良场,开始稻、麦品种改良工作。1932 年(民国 21 年),莫定森[1]来到浙江,先后任浙江省农业改良总场稻麦场主任、稻麦改良场场长、浙江省农林改良场副场长,他采用当时最先进的纯系育种和杂交育种技术,对水稻、小麦等作物进行品种改良,在水稻育种方面,有晚粳 129 号、130 号、10509 号;早稻 302 号、503 号、504 号等;中稻 10 号;晚籼 3 号、9 号,以及适于间作双季稻栽培的早生和晚青。小麦纯系种中有 9 号、17 号、933 号;杂交育成的有莫字 1 号、105 号、191 号等。从 1935 年(民国 24 年)开始,浙江省政府拨给赈灾款 12 万元,支持浙东绍兴、诸暨、萧山、嵊县、镇海、上虞、余姚、慈溪、临海、平阳等 10 县设立双季稻推广区,推广双季稻品种和栽培制度共 10 万亩;支持浙西杭县、海宁、吴兴、嘉兴、长兴、海盐及浙中义乌等 7 县设立纯系稻实施区,推广晚稻 129 号、130 号及早稻 302 号共达 5000 亩,均取得显著增产。1936 年(民国 25 年),纯系稻推广到 10 万亩,双季稻推广区除自行留种扩种外,又在武义等适于栽培的新区进行示范,推广面积达 7 万亩。

　　1931 年(民国 20 年)是浙江省植棉面积最大的年份,达到 13.2 万公顷。浙江省历史上种植的中棉(亚洲棉)有余姚大箭及小箭种、矮南阳等地方品种,但其纤维粗短,只能纺粗纱。1933 年(民国 22 年),浙江省建设厅在余姚、慈溪县合作棉场引种美国陆地棉(G. hirstum)品种脱字棉。1935 年(民国 24 年),又在杭县、萧山、海盐、镇海、余姚、慈溪、衢县等 7 县设立改良棉实施区,提高了浙江的产棉质量。

---

〔1〕莫定森(1900—1980),原籍四川广汉县,中国农学家、农业教育家和稻麦专家。1920 年在法国勤工俭学,1924 年毕业于法国蒙伯里农业专门学校,1927 年在里昂大学获得理科硕士学位。回国后在南京中央大学农学院任副教授。

1927 年(民国 16 年),浙江大学劳农学院建立园艺系,并附设笕桥园艺试验场,形成了相对独立的园艺学科。该系吴耕民[1]在 20 世纪 30 年代编著的《果树园艺学》《蔬菜园艺学》和《园艺研究法》,成为中国园艺科学的奠基著作。1936 年(民国 25 年),在黄岩县建立的中国第一个以柑橘为主要研究对象的省级园艺改良场,它 20 世纪 30—40 年代对全省果蔬资源进行了多次调查,选出了一批良种,并从国内外引选良种,总结推广栽培技术。

在农作物虫害及防治方面,1931 年(民国 20 年),浙江省成立了治虫人员养成所,培养病虫防治专业人员一期。

1932 年(民国 21 年),祝汝佐[2]来到浙江省昆虫局,被委派为寄生昆虫研究室主任。这是中国有关害虫天敌方面最早的研究机构。1933—1937 年(民国 22—民国 26 年),祝汝佐先后发表了有关寄生蜂的论文达 12 篇,这是中国寄生蜂寄生率考查、生物学、分类学及其利用研究方面的首批科学报告。其中,《江浙姬蜂志》(英文),报告了二化螟、稻苞虫、稻螟蛉、棉红铃虫、棉小造桥虫、棉卷叶螟、斜纹夜蛾、桑螟、桑螟、野桑蚕、茶毛虫、菜粉蝶、松毛虫等重要害虫的姬蜂总科寄生物近 60 种(姬蜂科 28 种 1 型,茧蜂科 29 种),其中的 31 种是首次记载。《浙江省昆虫局之江浙小蜂及卵蜂名录》(英文)列举了小蜂、黑卵蜂 48 种;《中国甲腹小茧蜂亚科及一新种之记述》(英文)记述我国甲腹小茧蜂亚科 3 属 6 种,包括 1 个新种;《中国松毛虫寄生蜂志》记述了江苏、浙江、山东等省的松毛虫寄生蜂 24 种,包括 2 个新种,6 个是中国第一次记载;《桑螟守子蜂生活之考查纪要》一文开创了中国寄生蜂生物研究的先例,其内容包括命名、分布及寄主、饲养方法、各期形态特

〔1〕 吴耕民(1896—1991),原名润苍,后改润苍为字,浙江余姚孝义乡吴家路东溜场(今属慈溪周巷镇)人。1913 年,因参与罢考学潮,被迫退学。次年考入北京农业专门学校。1917 年考取官费留日生,赴日本进兴津园艺试验场当研究生。1920 年学成回国,相继执教北京农业专门学校、南京高等师范学校农科(后改称东南大学)、金陵大学园艺系、浙江大学农学院。1929 年赴法、比、英、德、瑞士等国考察园艺。1933 年应聘为山东省青岛农林事务所特约研究员,后执教山东大学农学院、西北农林专科学校。1937 年于黄岩创建浙江园艺改良场,任场长,兼任浙江省农业推广委员会主任、技正。1938 年任江西农学院技正,后转任广西农学院园艺系教授。1939 年秋任浙江大学农学院教授、园艺系主任。

〔2〕 祝汝佐(1900—1981),字芝馨,江苏靖江人。1922 年毕业于江阴南菁中学,同年 9 月考入东南大学农科病虫害学系,成为邹秉文、张巨伯等的得意门生。在校学习期间,即在美驻华土蚕寄生蜂研究所兼技术员,是他从事寄生蜂研究工作的开端。1926 年 3 月,提前毕业,到江苏省昆虫局工作,从事桑树害虫研究。1932 年 4 月任浙江省昆虫局技师,继续从事桑树害虫和寄生蜂研究。他历任四川省农业改进所技正,四川省蚕丝试验场及南充生丝研究所研究员,浙江大学农学院植物病虫害学系副教授、教授。新中国成立后,祝汝佐任浙江农学院植物保护系教授、系主任,浙江省农科院蚕桑研究所所长等职。

征、越冬、年发生世代数、发生经过、各期习性等;而《赤眼蜂生活之研究》,则是中国关于赤眼蜂研究的第一篇论文。

祝汝佐不仅详细考察了桑螟卵寄生蜂的种类、分布、生物学特性、寄生率消长情况,还进行了放饲试验。1932—1933年(民国21—民国22年)每年5月各放蜂1万余头,放蜂后分东、西、南、北四个方向考察非越冬卵和越冬卵的寄生率,这是中国首次放蜂试验。

1936年(民国25年),浙江大学农学院设立植物病虫害系,蔡邦华通过对螟虫的发生、防治及其与气候关系的研究创立了一套害虫预测预报制度,并对谷象发育与温湿度关系进行了研究,分析出害虫猖獗发生的最适度,解决了长期以来争论的问题。

三、畜牧科学的进展

20世纪30—40年代,浙江省家畜保育所、浙江省农业改进所、中央畜牧实验所浙江嘉兴绵羊场相继建立。1936年(民国25年),建立家畜保育所,引进国外大约克猪等良种,试验改良品种,并进行疫病防治。在此期间,浙江大学农学院、英士大学农学院开设了畜牧兽医专业,开始进行畜禽品种调查与性能观察,并从欧美等地引进畜禽品种,开展杂交改良试验以及兽疫防治研究。1935年(民国24年),彭起首次系统地调查了海宁、嘉兴、吴兴和德清等4个主产县的湖羊体型外貌、生产性能、饲养方法和羔皮加工等情况,第二年发表《浙西胡羊》一文。20世纪30年代,杭州开始饲养来航鸡[1]、澳洲黑鸡、芦花鸡等外来品种,浙江大学农学院牧场开始用电孵化鸡雏。

在家畜传染病防治上,猪霍乱(又名猪瘟)是危害养猪生产的疫病之一。1934年(民国23年),东阳县猪疫防治实验区使用自产抗猪瘟血清。

四、农业技术的推广

1927年(民国16年),浙江大学劳农学院使用美制拖拉机进行农耕示范,并在笕桥为喜温植物越冬建立蒸汽加温的玻璃温室。1930年(民国19年),浙江省开始了机械排灌。这一年浙江省植物病虫害防治所设立了国内第一个植保器械研究室。1931年(民国20年),水利学家李仪祉进行塘制

---

〔1〕　蛋用鸡品种,原产意大利,因19世纪中叶由意大利来航港传往国外而得名。

变革,海塘工程的辅助建筑物坦水一改以往的平铺条石为靠砌与竖砌,同时在石塘之后新建混凝土塘。1934 年(民国 23 年),浙江省研制成功人力喷雾器,并在全省推广应用。

除了农业技术外,这一时期,浙江省的水产与林业科学和技术也有了进步。

20 世纪 30 年代,朱元鼎、伍献文、王以康、林书颜等在浙江进行了鱼类分类研究,林书颜发表了《浙江张网影响鱼类繁殖之研究》。1935 年(民国 24 年),浙江省成立水产试验场,在大陈、普陀等地进行潮流、水温、比重和浮游生物等海洋初步调查,第二年测绘制成省内最早的《浙江渔船图表》。

1935—1938 年(民国 24—民国 27 年),浙江省农业改进所对钱塘江等江河流域的水源林与浙江省第九行政督察区(今丽水地区)辖 10 个县林业概况进行过踏查。其中,1935 年(民国 24 年),浙江省建设厅农业管理委员会设森林管理处,管理林政、林业和试验工作,并筹集林业推广费 10 万元,其中一部分用于扩充省立林场苗圃 59 公顷。

20 世纪 30 年代,著名园艺学家曾勉之发表了《浙江诸暨之银杏》一文(《园艺》杂志,1935 年第 1 卷第 5 期),一改以往学者根据枝条划分银杏[1]变种的传统,第一次依种实性状变异划分佛手、梅核、马铃 3 个类型,并命以学名。

第六节　工业和交通通信技术的进步

民国中期,电动机成为浙江省各个行业的主要动力,纺织、造纸、面粉加工、乳产品等生产部门大部分完成了从手工生产到机械生产的过渡。在交通方面,建成了浙赣铁路。1937 年(民国 26 年),钱塘江大桥通车。在通信领域,创设了长短波无线电台,电话和无线电报有了发展。

---

〔1〕 银杏俗称白果树,又名公孙树、鸭脚树,远在人类诞生以前,就已生存在地球上,并曾是北半球浩瀚森林中的主角,正如当时生活在陆地上的恐龙一样普遍。然而大自然给予银杏的并非只是永恒的春天。距今 300 万年前,地球上发生了第四纪冰川,欧洲、北美洲以及亚洲大部分地区的银杏遭到了灭顶之灾。唯独在亚洲东部未遭冰川摧残的局部地区,银杏幸免于难,并繁衍至今,成为植物界的"活化石"。它是研究冰川地质、古地理、古气候以及植物演化和区系的珍贵材料。

一、能源技术的进步

1933 年（民国 22 年），闸口电厂建成发电，装有英国汤姆好司顿厂制造的 7500 千瓦中温中压凝汽式汽轮发电机组 2 台，美国燃烧公司制造的 38.6t/h 汽鼓弯管粉煤式锅炉 2 座，以及相应的磨煤机、循环水泵等配套设施，是当时中国首家采用煤粉喷燃装置的发电厂，是东南地区三大电厂之一，装机容量居全国第 3 位。到了 1936 年（民国 25 年），浙江省共有火力发电厂 110 座，装机总容量 2.98 万千瓦，其中杭州市装机总容量 1.76 万千瓦，供电最高负荷 9000 千瓦，年发电量 3160 万千瓦时。但是，直至 1949 年前的半个世纪，中国各火电厂的发电设备均向国外购置，沿用国外工艺，处于小机组、低—中温、低—中压发电阶段。

除了电力外，浙江省还成为中国较早使用沼气的省份之一。1930 年（民国 19 年），黄岩县城桥上街米厂利用垃圾发酵制取沼气成功。1931 年（民国 20 年）以后，诸暨、宁波、普陀、杭州、嘉兴、德清等地相继建造了 20 多个沼气池。沼气池的结构有单库也有群库，建池的材料有条石水泥、砖石水泥，也有钢筋混凝土。其中 1932 年（民国 21 年）舟山普陀山洪筏禅院建造的钢筋混凝土沼气池总容积达 104 立方米，是当时中国最大的沼气池。沼气除了用于私人家庭照明、烧饭或由医院用于蒸煮医疗器械外，嘉兴、诸暨等地还开设了瓦斯灯站和沼气灯商行，把沼气作为工业商品出卖。抗日战争爆发后，浙江省的沼气发展被迫中断。

二、纺织技术和轻工业技术的进步

20 世纪 30 年代，由于国产仿制设备的出现，浙江省丝绸生产的机械化程度显著提高。丝厂开始采用上海仿制的日本千叶式 104 双笼循环式渗透煮茧机取代锅煮蚕茧。1929 年（民国 18 年），杭州缫丝厂引进了群马式立缫车等设备，使缫丝业实现了机械化或半机械化生产。1929—1933 年（民国 18—22 年），受到世界性的经济危机的波及，浙江的丝绸业也陷入困境，直到 1935 年（民国 24 年）秋才有所好转。同年，浙江省已有大小缫丝厂（包括绸厂缫丝部）29 家，缫丝机 7598 台；1936 年（民国 25 年），丝产量达到 609.69 吨，出现了"蚕猫"牌生丝、"孔庙"牌绢丝、七里湖丝等名牌产品。

在棉纺织技术上，20 世纪 20 年代铁木结构的脚踏织机取代手拉木织机后，20 世纪 30 年代又改用电动铁木机。1929 年（民国 18 年），宁波创办了浙江省第一家机器印染厂——恒丰印染织厂（今宁波印染厂前身），率先采用机器染缸染色，生产海昌蓝布、硫化元哔叽、纱卡等纯棉色布。1932年（民国21年），又引进日本四色滚筒印花机，生产印花绒布及白底小花布。1933（民国22年）年又引进了1台八色滚筒印花机。

除了纺织技术外，民国中期浙江的造纸、面粉加工、乳制品生产的机械化程度也进一步提高。

1936年（民国25年）春，民丰造纸厂引进瑞士和德国设备生产卷烟纸，是中国自产卷烟纸的开端。20世纪40年代，浙江又发展圆网造纸，生产有光纸、印刷纸、包装纸等产品。

1931年（民国20年），宁波立丰面粉厂（后改名宁波太丰面粉厂）引进英国西蒙公司制造的14台复式钢辊磨粉机和挑担式平筛等专用设备，加工等级粉。

这一年，杭州西湖炼乳股份有限公司用自制设备生产燕牌奶粉，成为中国首家奶粉生产企业。1932年（民国21年），瑞安百好炼乳厂引进国外木质搅拌机和奶油分离器，利用役用水牛奶制炼乳后的多余脂肪制得奶油，于1935年（民国24年）在国内率先生产白塔牌奶油。

除了轻工业外，这一时期浙江省还出现了化工厂。1936年（民国25年），周宗良、翁谊安等在杭州开办大同电化工业股份有限公司（后改名杭州电化总厂），引进日本600kVA敞开式单相电石炉，用电炉法制电石。

三、茅以升与钱塘江大桥的建设

截至1937年（民国26年）6月，浙江省的公路运输里程达到3643公里，是当时中国修建公路最多的省份之一。客货营运车达到743辆（均向国外购置），实现了同相邻五省（市）的公路运输。20世纪30年代中期，宁波人虞洽卿创办的三北航运公司拥有大小轮船65艘，约占全国商轮总吨位的13%，经营的航线遍及全国沿海、长江沿线，并开拓了远洋运输。在航空运输上，1933年（民国22年），浙江还开通了上海—（宁波）—温州—福州—厦门—汕头—广州航线，使用西科斯基[1]水陆机，起降于温州江心屿水上机场（今已淹没），1937年（民国26年）10月停航。

---

[1] 伊戈尔·伊万诺维奇·西科斯基（Игорь Иванович Сикорский, Igor Sikorsky），俄裔美籍飞机设计师及直升机制造商，1889年生于俄国基辅，1919年移居美国，设计和制造了世界上第一架四发大型轰炸机和世界上第一架实用直升机。

1934 年（民国 23 年），浙江省境内先后建成沪杭、杭江两条铁路。随后，杭江铁路向西续修到江西萍乡，与原来的粤汉铁路株萍段相接，改称浙赣铁路。为了连通浙赣铁路与沪杭铁路，1937 年（民国 26 年）茅以升[1]（见图 3-6）主持修建了钱塘江大桥，这是中国第一座双层结构的铁路、公路两用钢铁大桥。

图 3-6　茅以升

1920 年（民国 9 年），茅以升应邀回到母校唐山路矿学堂任教授，时年 24 岁，是国内最年轻的工科教授。1922 年（民国 11 年）7 月，他受聘为东南大学教授，组建了该校的工科，并任第一任主任。1924 年（民国 13 年），东南大学工科与河海工程专门学校合并为河海工科大学，茅以升任首届校长。1926 年（民国 15 年）受聘为北洋大学教授，1928 年（民国 17 年）任北平大学第二工学院（即北洋工学院）院长。1930 年（民国 19 年）任江苏省水利副局长，主持规划象山新港。1932 年（民国 21 年）又回到北洋大学任教。

正是在 1932 年（民国 21 年），浙江省政府为贯穿浙赣、沪杭铁路，沟通南、北交通，决定修建钱塘江大桥。浙江省建设厅厅长曾养甫、浙赣铁路局局长杜镇远和浙江公路局局长陈体诚一致推举茅以升担此重任。茅以升两下杭州调查钱塘江的水文、气象和地质，得出的结论是：虽然难度极大，但"在有适当的人力、物力条件下，从科学方面看，钱塘江造桥是可以成功的"。第二年，浙江省政府成立"钱塘江桥工程处"，委任茅以升为处长，茅以升还邀请罗英任总工程师，延聘了 4 位工程师，吸收了 29 位大学工科毕业生，组成了桥工处的技术队伍。

在此以前，浙江省交通厅曾请铁道部顾问、美国桥梁专家华德尔提出钱塘江桥工程设计方案。华德尔的方案中设计全桥长 1872 米，正桥 29 孔，公铁两线路平列，孔径小，桥墩多，水上工程量大，不适合江水与河床地质条件，而且预算为 758 万元（银元），造价过高。茅以升同时设计了 6 个方案参加竞标。最后，茅以升的设计方案以其经济合理性中标。

---

〔1〕 茅以升（1896—1989），字唐臣。1896 年（光绪二十二年）1 月 9 日出生于江苏省丹徒县（今镇江市）。1911 年（宣统三年）考入唐山路矿学堂，1916 年（民国 5 年）通过美国康奈尔大学研究生入学考试，并于 1917 年（民国 6 年）获得硕士学位，并经其导师贾柯贝（H. S. Jacoby）的介绍到匹兹堡桥梁公司实习，同时又利用业余时间到卡利基理工学院夜校攻读工学博士学位，于 1919 年（民国 8 年）成为该校的首名工学博士，在博士论文《桥梁桁架次应力》中提出了后来被公认的"茅式定律"，并荣获康奈尔大学优秀研究生"斐蒂士"金质研究奖章。

中选方案的桥址选在钱塘江河道较狭、主流稳定、便于铁路和公路联络的杭州市南端闸口与六和塔之间。正桥跨度 67 米,分上下两层,上层为双车道公路桥,下层为标准轨距单线铁路桥,桥全长 1453 米,其中正桥长 1072 米,南北岸各设引桥。公路桥路面宽 6.1 米、两侧人行道各宽 1.52 米。载重等级为铁路 E-50 级、公路 H-15 级。正桥 16 孔钢梁用合金钢制成,每孔长 67 米。钢拱引桥北岸 3 孔,南岸 1 孔,跨径均为 50 米,由钢拱梁及若干孔钢筋混凝土框架组成,下部正桥为 15 座空心钢筋混凝土结构。

1935 年(民国 24 年)4 月,钱塘江大桥正式动工,建桥工程和钢梁等分别由中外公司中标承包。为了加速工程进度,工程处打破传统的施工方法,采用基础、桥墩与钢梁三种工程同时并进的新方法。

正桥桥墩由木桩、沉箱、墩身三部分组成。其中用钢筋混凝土建成的沉箱分上下两层,重约 600 吨。大部分沉箱在岸上浇筑,浮运就位后,加筑临时防水围堰,浇筑墩身,使沉箱负重下沉,到达江底后,校正位置,将压缩空气通入工作室,逼出积土,再以混凝土填满(图 3-7 为装气箱的操作)。位于浅水处的 1 号墩,用钢板桩围堰就地筑岛造沉箱。2～5 号墩沉箱直接沉至岩面。6 号墩岩面不平,采取先打钢筋混凝土桩和钢管桩,使沉箱下沉深度超过预定标高 3 米。其他桥墩因

图 3-7　装气箱的操作

最低水位距岩面达 42.5～45.8 米,采用先打木桩,后把沉箱置于桩基上。引桥工程北岸用钢筋混凝土沉井基础,每墩两个沉井,就地浇筑,人工挖土下沉至岩面。南岸引桥桥墩均为木桩基础。正桥 16 孔钢梁由英商道门郎公司在国外制造,分散件转运至工地,除第 16 孔外,其余均在岸上拼装铆合,利用潮汛浮运就位,随退潮下落,稳定支座。

1937 年(民国 26 年),在大桥即将竣工时,上海"八一三"战争爆发。钱塘江大桥还未交付使用,战火就烧到了钱塘江边,大桥在炮火中竣工。9 月 26 日清晨,第一辆火车通过钱塘江大桥(见图3-8)。当日,运送大批军火物资的列车就陆续从这座大桥上通过。

此后,上海的局势越来越紧张。1937 年 11 月 16 日下午,南京工兵学校

图 3-8　第一辆火车通过钱塘江大桥

的一位教官在桥工处找到茅以升，向他出示了一份南京政府绝密文件，内容是在必要时炸毁钱塘江大桥，而且炸桥所需的炸药及爆炸器材也已从南京运达。集两年半心血建成的大桥，在铁路刚刚通车后就要亲手炸毁它，这是一件令茅以升痛心疾首的事情；但是在慎重考虑后，茅以升还是制订了炸桥方案。当天晚上，所有的炸药都安放到了南岸第二个桥墩内和五孔钢梁的杆件上，100 多根引线从一个个引爆点连接到南岸的一所房子里，只要一声命令就可以把大桥的五孔一墩全部炸毁。

但是在 11 月 17 日凌晨，茅以升接到浙江省政府的命令，因大量难民涌入杭州，渡船有限，钱塘江大桥的公路部分必须于当天通车。浙江省政府此时尚不知道大桥上已经装上了炸药。大桥公路的路面早在一个多月前就已竣工，因怕敌机轰炸才未开放。当日，大桥公路全面通车，这一天得到消息的人们从杭州、宁波远道而来，成千上万的群众来到六和塔下的钱塘江边，甚至连六和塔上也站满了人。第一辆汽车从大桥上驶过时，两岸数十万群众掌声雷动，场面十分感人。但又有谁知道，数百公斤炸药此时就安置在桥身，这座由中国人自己设计施工建造的大桥在落成之日就面临着被炸毁的命运。

12 月 22 日，日军进攻武康，窥伺富阳，杭州危在旦夕。钱江大桥上南渡的行人更多；而铁路方面，由于上海和南京之间已不通车，钱江大桥成了撤退的唯一通道，据当时的铁路局估计，22 日这一天就有 300 多台机车和超过 2000 节客货车通过大桥。

12 月 23 日，日军开始攻打杭州，当天下午 1 点多，茅以升终于接到炸桥的命令。下午 3 点，炸桥的准备工作全部就绪。傍晚 5 时，日军逼近杭州，茅以升命令关闭大桥，禁止通行，实施爆破。随着一声巨响，这条耗资 160 万美元的现代化大桥在历经了 925 个日夜的紧张施工之后沉痛倒塌，仅存在了 89 天（见图 3-9）。在大桥被炸毁的当夜，茅以升

图 3-9　钱塘江大桥全景

在桌前写下了八个字："抗战必胜，此桥必复。"但是直至 1953 年，茅以升才亲临主持大桥的修复工程，使其得到新生。[1]

---

〔1〕 茅以升.钱塘江桥.北京:中国科学图书仪器出版社,1950;茅以升.钱塘江建桥回忆.北京:文史资料出版社,1982;中国科学技术协会.中国科学技术专家传略.北京:中国科学技术出版社,1992.

在抗日战争和解放战争中,浙江省的公路、水路、铁路、航空运输遭到了严重破坏,近乎瘫痪。

四、通信技术的进步

民国中期浙江省的电报、电话和广播技术得到了发展。1928 年(民国 17 年),建成杭州—长兴的架空金属明线长途电信传输干线。之后,传输干线线路不断延伸。1933 年(民国 22 年),浙赣线采用了幻线电报。

1933 年(民国 22 年),在杭州至上海的电报电路上开始使用韦斯登电报机,以机械动作收发电报,传递速度为每分钟 30～300 个汉字。1934 年(民国 23 年),开始使用音响机通报,收报靠耳听手抄。同期采用的还有音频振荡人工收报机。

1932 年(民国 21 年),浙江省电话局在杭州市安装比利时产的 7A-2 型旋转制自动电话交换设备,总容量为 3000 门,4 位拨号。

1937 年(民国 26 年),杭州和永嘉分别安装德国制 E1 式单路载波机,开通杭州—永嘉间直达话路。这是国内首次采用载波电话设备。在省内进行明线载波传输。

在广播事业上,1928 年(民国 17 年),浙江省建设厅在杭州建立省内第一座广播电台——浙江无线电话广播电台,采用美国凯乐公司的发射机,功率 250 瓦,频率为 990 千赫,2 座 32 米高铁塔上架设倒 L 型天线。第二年发射功率扩大到 1 千瓦。1935 年(民国 24 年)又扩大为 2 千瓦。1937 年(民国 26 年),在日军入侵杭州前夕,广播电台迁至丽水,直到 1949 年(民国 38 年)5 月杭州解放,才建立了浙江新华广播电台(后改名浙江人民广播电台)。

五、第一届西湖博览会

1928 年(民国 17 年)秋,浙江省政府为了纪念统一、奖励实业、振兴文化,决定筹办西湖博览会。

实际上,早在 1924 年(民国 13 年),浙江军事善后督办卢永祥、省长张载杨就草拟过举办西湖博览会的计划,曾选派筹备委员会主任,在经费方面曾准备发行公债,并加五厘的盐斤税为公债基金担保。但是由于当时政局不稳,唯恐军阀借口筹备西湖博览会而掳资,最终没能实现。

1927 年(民国 16 年),南京国民政府一成立就宣称"革命成功之后第一步紧要工作即是建设",对博览会一事甚为关注。1928 年(民国 17 年)3 月,工商部长孔祥熙发表《工商行政宣言》,将筹备博览会列为工商部的行政纲要,并于 11 月在上海举办了中华国货展览会,为期两个月,参观者达 100 万人次。接着,工商部又颁布了《全国举办物品展览会通则》《展览会设计委员会规则》,对国内博览会的举办做了规定[1],于是各地纷纷效仿筹办博览会。

1927 年(民国 16 年)10 月,何应钦出任浙江省政府主席,在任一年,在离职时主持了浙江省政府的第 163 次会议,通过了举办西湖博览会的决议。[2] 之后由张静江(名人杰,1876—1950)继任,在讨论杭州的建设中进一步形成了通过举办博览会推动浙江乃至全国经济建设、振兴浙江乃至全国农业的想法。于是,张静江向国民政府提出,仿效 1916 年(民国 5 年)在美国费城召开的万国博览会,在杭州举办"中国西湖博览会"。国民政府没有批准"中国西湖博览会",而是同意举办"西湖博览会",意即所有经费均需浙江省自筹。

张静江曾参加过 1914 年(民国 3 年)举办的巴拿马太平洋万国博览会,那是为了庆祝巴拿马运河开凿成功和纪念太平洋发现 400 周年而举办的。现在,将由他亲手创办一个博览会了。他将西湖博览会的宗旨设定为:提倡国货,奖励实业,振兴文化。《西湖博览会总报告书》中也两次提及举办杭州西湖博览会的目的:

其一,"争促物产之改良,谋实业之发达"。欧洲的工业国家把中国作为倾销商品的市场,使中国的工商业受到严重冲击,"几无吾国人立足之地","吾国天产固丰富,人民固智巧,但如逆水行舟于滩上"。同时,连年征战使民众缺乏与时代共进的思想,墨守成规,不思进取。通过举办博览会,可以开阔民众的眼界,改进工农业产品,促进中国工商业的发展。

其二,为中国的产品正名,扩大国货的知名度。博览会于 1798 年(嘉庆三年)从法国开端,各国争相仿效。中国商人虽然经常参加国外的博览会,但由于举办国的垄断,中国的商品并未得到重视,因为外国人对中国产品的质量没有统一检验标准,而且经常出现一些举办国不遵守国际惯例,把中国人的发明创造稍加改良便据为己有的事件。所以要通过召开中国人自己的博览会以开各省之先河,为国货正名,扩大中国产品的知名度。

其三,"起用国货,救济工商"。中国特产虽然丰富,但是宣传不够,以致产品不能远销国外。加之连年战争,中国工业生产遭到重创,市场萧条。可

---

〔1〕 谢辉.记 1929 年西湖博览会.文史精华,2001,128(1):51—52.

〔2〕 谢辉.记 1929 年西湖博览会.文史精华,2001,128(1):52.

以通过举办博览会扩大中国产品的影响,促进工业生产的复兴,工业、商业均可获利。事实也证明,当年西湖博览会的国货陈列馆曾引来络绎不绝的人群,并一直延续至今,发展为今天杭州的解放路百货商店。

其四,为壮大浙江省的经济实力。博览会选址在西湖,并取名"西湖",是浙江省政府考虑到了西湖的品牌效应,正如西湖博览会的缘起中说的:"西湖为天下名胜,凡游览西湖者,莫不顿起爱慕之心。此次博览会,借以征集全国著名物产陈列,供国人研究比较,冠以西湖名称,并即在西湖开会,是欲使天下人移爱慕西湖之心爱慕国产,则国产之发达,正未可限量。"游人多了,旅游业、交通业、餐饮业将会有较大收入;富商巨贾参会,挑担夫也能带来实惠。这样对浙江经济来说"裨益尤多,收效必宏"。

其五,为了纪念北伐的胜利。按照国际惯例,博览会一般都举办于喜庆大典之时,以志纪念。1893年(光绪十九年)的芝加哥博览会是为了纪念哥伦布发现新大陆400周年而设;1900年(光绪二十六年)的巴黎博览会是为了纪念耶稣降生1900周年而设;1916年(民国5年)的费城博览会是为了纪念美国独立150年。因此,浙江省政府认为正是"总理在天之灵,同志奋斗之力"才使得北伐取得胜利,"不可不举办西湖博览会以纪念"。

1928年(民国17年)10月,由浙江省建设厅起草了西湖博览会提案,经省政府委员会会议通过。10月15日在建设厅设立了办事处。10月27日,筹备委员会召开了成立大会,由浙江省建设厅厅长任筹备会主席,下设总务、工程、财务、场务、交际、宣传、各馆所筹备、驻沪办事、驻京通讯等处。还在安徽、湖北、上海及浙江省内75个市、县设立西湖博览会筹备分会,

图3-10　1929年西湖博览会会徽

在苏州、无锡、常州、镇江诸城以及安南(今越南)南圻、爪哇(今印度尼西亚)万隆等地同时设立征集西湖博览会出口委员会,广泛征集展品。西湖博览会从筹备到开幕大约用了8个多月的时间,参加筹备的人员达数千人,其中在杭州直接参加工作的有600多人。筹备过程先后刊登在西湖博览会筹备周刊上。筹备处还设计了西湖博览会的会旗、会徽、纪念章和纪念册,发行西湖博览会有奖游券和纪念明信片。会场设有临时邮局,凡加盖"民国十八年西湖博览会开会纪念"邮戳的明信片,可以免贴邮票,投递全国各地。

西湖博览会于1929年(民国18年)6月6日开幕(图3-10为1929年西湖博览会会徽,图3-11为1929年西湖博览会会场入口)。会场设在西湖平湖秋月、中山公园至西泠桥、岳庙、里西湖一带,共有八馆、二所及三个特别

陈列处,展出的物品除参考陈列所中有
国外物品如机器、原材料、纺织品供我
国制造厂商参观借鉴外,主要以中国产
品为主,共计 14.76 万件。

图 3-11　1929 年西湖博览会会场入口

　　八馆是指:

　　(1)革命纪念馆。设在西湖孤山一
带的唐庄、平湖秋月等处。在白堤尾端
建立骑街牌楼;于平湖秋月厅前建革命
纪念塔,在厅内设革命书籍阅览室及售书室各 1 个;在唐庄设总理纪念厅 1
个,陈列室 6 个。除陈列总理纪念物外,还陈列先烈遗像、遗物、遗墨、摄影
作品、图表、证件等,共计 2000 余件。

　　(2)博物馆。该馆设矿产、昆虫、植物、水产、动物标本及动物图画六部
分。以王电轮庄为矿产部,徐公祠为猺山部,林社为动物部,巢居阁及林典
祠为昆虫部,西北新建房舍为植物部,水产部与昆虫部之间为动物部,放鹤
亭为该博物馆的休息室。展品除在浙江省内及外省致函征集外,还派人到
各省及南洋等处收集,到天目山一带采集植物标本,共陈列展品 4988 种。

　　(3)艺术馆。设置在照胆台起至陆宣公祠一带。展品中一类是向私人
征集,并由故宫博物院、山东武梁祠、南京古物保存所、河南龙门、山西云冈
等处设立征集处代征;另一类是自行设计,包括绘画、雕刻、金石、建筑、工艺
品、民间艺术品等。

　　(4)农业馆。设在忠烈祠、文澜阁、中山公园等处,面积 100 余亩。馆内
分蚕桑、农艺、农业社会三个部分。展品为园艺品、农艺品、农产制造品三
类,其中格外突出了浙江"丝绸之府"的地位,蚕桑丝绸占相当大的比重,有
4 个蚕桑展室,展出的内容包括养蚕各期标本照相图片、桑园的各种栽培方
法、育蚕室的各种饲养方法、蚕桑检测器、上蔟室设备、浙江蚕业改良场的标
本和图表以及桑蚕病虫害防治等 7 个方面。

　　(5)教育馆。设在浙江省立图书馆(今天的浙江省图书馆古籍部)、徐潮
祠、朱公祠、启贤寺及颐兴花园一带。展品有教育成果、统计、设计用品,教
育机构的活动状况、摄影、歌谣、著作以及民间故事、民间游戏、谜语、神话、
童话、风俗、先哲遗迹等。展品除向各省教育厅及大学征集外,还派人向北
平、上海、南京等处征集,展品共计 4.47 万多件。

　　(6)卫生馆。设在西泠印社、广化寺、俞楼社寓等处,展品内容分为医
学、药学、食品、嗜好品、化妆品、运动器、保健、防疫、卫生教育、学校及工厂
个人卫生、肺病传染等 12 个部分,其中包括从南京卫生展览会及从广东、河

北等地征集的展品。该馆参观人数较多,达 206 万人次。

(7)丝绸馆。设在西里湖一带,东起西藏殿,西迄西泠桥,也突出了浙江省"丝绸之府"的地位,该馆设立六大部:丝茧部、纺线部、绸缎部、服装部、装饰织物部、丝绸统计部。茧丝部陈列各省各种蚕茧、厂丝、土丝、丝绵、丝吐、纺丝样、远销海外的生丝样品、各种丝线及其制品;绸缎部分设 4 个陈列室,展出各种绸缎、葛、纱、罗、绫、锦、绮、绢、线以及丝织主机及辅机模型等;服饰部分设 8 个陈列室,按地区分别展出古今中外的各类丝绸服装和丝织挂屏,各种刺绣、妆花锦物、缎幛、丝领带、丝衬衫、手提袋、锦垫、丝帕、丝花边、丝手套、丝袜、丝内衣、缎被面等;统计部用绸缎装饰陈列全国各地,特别是浙江省的丝绸工厂的车数、产量、内外销售、出口情况;另有吴兴绉业、杭州绸业、苏州绸业、上海美亚、盛泾公所、天章、纬成、虎林、都锦生等 13 个产品陈列室,各有特色;贵州油绸、四川蜀锦、湖南湘绣也来添异彩。在短短的 4 个月中,到丝绸馆参观的人数达到 28 万人次。

(8)工业馆。设在葛岭之下,王庄、菩提精舍、抱青别墅及新建口字厅一带,东西长约 70 米,南北宽约 45 米,总面积约 3520 平方米。这是当时中国最早的展览馆建筑,由当时杭州国立艺术专科学校的著名画家、建筑师刘既漂(原名元俊,1901—1992)主持设计和建造,它本身就成了博览会的最大一件展品。它以木横梁贯穿支撑整个庞大的建筑,铁钎做接口,建筑工艺已经达到了精湛水平。该馆按照展品的性质分为 4 个分馆,其下又划分为 98 个区,展品非常丰富,模型除了自制外,还函电各个厂商征集,有模型、历代工业家图像、中国伟大工程图说,还有代表当时最先进技术的飞机、军舰、火车头等新产品,吸引了约 2 万人前来参观。

二所是指:

(1)特种陈列所。设在坚匏别墅、兜率院、大佛寺、留除草堂等处。凡各机关图表、模型及不属于其他会馆的物品都归这里陈列,分浙江省政府建设厅陈列室、中央建设委员会陈列室等 9 个陈列室。陈列品分为图、表、模型、标本四大类,共计 1 万多种。

(2)参考陈列所。设在岳庙,主要以外国产品为主,分原料和机器两大部分。由该所委托驻沪办事处和外国厂商如爱立信、西门子电机厂等厂家征集。该所筹备的时间最长,比其他馆开馆时间推迟了近两个月,8 月 1 日才正式开馆。

三个特别陈列室是指:

(1)铁路陈列厅。设在断桥北部、宝石山麓铁路驻杭办事处内,由沪宁、沪杭甬两铁路局主持。展出两铁路沿线各站分布、所产物品及货运样品,展厅四周陈列了两路建筑构造的模型、图表和沿线风景照片等。

（2）交通部电信所陈列处。设在葛岭招贤祠前院，由交通部杭州邮电局主持。陈列各种实用通信方法，交通部所属各个厂家生产的电器、通信设备、电池以及统计图表等。

（3）航空陈列处。设在阎帝庵（今葛岭南麓）。由中央航空协会主办。陈列飞机大模型 3 架以及各种航空照片、图表等。

在西湖博览会召开期间，还邀请了中央航空署专业人员到杭州进行了飞行表演。4 架水陆飞机，其中水上飞机金马号环飞浙江各县散发有关博览会的宣传资料；陆上飞机和平一号、和平二号还载客邀游天空。名人专家演讲 64 场，一时风云人物齐聚杭州。

此外，在大礼堂（今葛岭南麓）左右及西泠桥、白堤附近一带还设有商店百余所，展销各种产品，供参观来宾选购（图 3-12 为 1929 年杭州西湖博览会全貌）。[1]

图 3-12　1929 年杭州西湖博览会全貌

为了鼓励实业、振兴国产、提高质量，博览会还成立了审定委员会，对参会展品进行评定，共评出特等奖 248 个，优等奖 802 个，一等奖 240 个，二等奖 1600 个。其中丝绸馆对全国各地参展的丝绸产品也开展评奖活动，共评出特等奖 56 个，优秀奖 188 个，一等奖 141 个，二等奖 42 个。

西湖博览会历时 128 天，参观人数多达 2000 万人，在国内外产生了很大影响。有关它的意义，赵福莲在《1929 年的西湖博览会》一书中有过概括："博览会召开之前，省内的工商业尤其是丝绸业，盛名之下，其实难副，洋货一入侵，丝绸业面临颓落之境地，其他行业亦无不奄奄一息。在这种情况下，博览会的召开无疑是一针强心剂，给萧疏的工商业注入了新鲜的活力与血液。对于那些经营者们来说，博览会是一个推销产品与改良企业发展的一个良好商机……从微观看，工商业可得一时之繁荣与兴盛；从宏观看，博览会可永久得启门户之利。"[2]

---

〔1〕　图片来源：浙江档案馆。
〔2〕　赵福莲.1929 年的西湖博览会.杭州：杭州出版社，2000：189.

　　总的看来,西湖博览会还是达到了预期的目标的,即提倡国货,奖励实业,振兴文化,它使购买国货的思想深入了人心,民众的爱国热情也随之高涨。

　　同时,西湖博览会也对浙江省的基本建设起到了推动作用。抗战期间曾任浙江省政府委员兼民政厅厅长的阮毅成在其撰写的《三句不离本"杭"》一书中曾写有《西湖博览会》一文,提到:"因为西湖博览会的举行,促成了沪杭公路的完成,也促成了京杭国道与浙赣铁路的兴建。这些铁路与公路,对以后的抗战大业,有极大的贡献。"[1]

第七节　卓越的数学成就:陈建功、苏步青受聘浙江大学

　　民国时期,浙江省的数学研究进入了现代阶段,其主要开拓者是绍兴人陈建功和平阳人苏步青。

图 3-13　陈建功

　　陈建功(见图 3-13),字业成,1893 年(光绪十九年)9 月 8 日出生于浙江绍兴府(今浙江省绍兴市),1910 年(宣统二年)考入杭州两级师范的高级师范部,1913 年(民国 2 年)毕业后来到日本东京,并于1914 年(民国 3 年)考取日本东京高等工业学校染色工艺专业的官费生,同期又考进东京物理学校学习数学。1918 年(民国 7 年),陈建功从高等工业学校毕业,第二年春天又毕业于物理学校,之后回国,任教于浙江甲种工业学校,讲授染色工程课,在教学之余继续钻研数学。

　　1920 年(民国 9 年),陈建功再度赴日求学,来到仙台,考入东北帝国大学数学系。1921 年(民国 10 年),他在《东北数学杂志》(*Tohoku Mathematical Journal*)第 20 期上发表了自己的第一篇论文《关于无穷乘积的几个定理》(Some Theorems on Infinite Products),这是中国人在国外发表的第二篇数学论文。[2] 后来苏步青评价说:"无论在时间上或内容上,(这篇论文)都标志着中国现代数学的兴起,它是具有重要意义的一篇创造性著作。"[3]1923 年(民国 12 年),陈建功从东北帝国大学毕业回国,任教于浙江工业专

---

〔1〕　阮毅成.三句不离本"杭".台北:正中书局,1974.

〔2〕　第一篇是胡明复在《美国数学会会刊》上发表的博士论文《具有边界条件的线性积分——微分方程》。

〔3〕　苏步青.陈建功论文集.北京:科学出版社,1981:序言.

门学校,次年应聘为国立武昌大学数学系教授。

1926 年(民国 15 年),陈建功第三次东渡日本,考入东北帝国大学研究生院攻读博士学位,在导师藤原松三郎的指导下研究三角级数。

众所周知,19 世纪兴起的傅里叶(Fourier)分析起源于热传导问题,由于 19 世纪末魏尔斯特拉斯(Weierstrass)用三角级数构造了一个处处连续但是处处又不可微的函数,使得关于傅氏级数的收敛性问题成了三角级数的热点。1913 年,H. H. 鲁金(H. H. Лузин)提出了一个猜测:若 $f(\chi) \in L^2(0, 2\pi)$,则 $f(\chi)$ 的傅里叶级数概收敛。数学家们认为,H. H. 鲁金的猜测可以修改为如下两个结论:第一,能否构建一个连续函数,它的傅里叶级数在一个正测度集上发散;第二,是否所有的连续函数的傅里叶级数都几乎处处收敛。但是,1926 年柯尔莫哥洛夫(А. Н. Колмогоров)又给出一个可积函数,其傅里叶级数处处发散,然而此函数并不属于 $Lp(p > 1)$。直到 1946 年关于 H. H. 鲁金的猜测仍然是一个悬案。又过了 20 年,瑞典数学家 L. 卡里松(L. Carleson)才最终给出了肯定的回答,为 H. H. 鲁金的猜测奠定了基础。

陈建功始终致力于证明 H. H. 鲁金的猜测,并做出了重要贡献。三角级数是正交函数的特殊情况。1922 年,拉德马赫(H. Rademacher)对一般正交系 $\{\varphi n(x)\}$ 证明了:(A) 若 $\sum C_n^2 (\ln n)^2 < \infty$,则 $\sum C_n \varphi(\chi)$ 概收敛。1925 年,普莱斯纳尔(A. Плеснер)证明了:(A') 若 $\sum (a_n^2 + b_n^2) \ln n < \infty$,则 $\dfrac{a_0}{2} + \sum_{n=1}^{\infty} (a_n \cos n\chi + b_n \sin n\chi)$ 概收敛。同年,Д. Е. 缅绍夫(Меньщов)给出了:(B) 若 $\sum C_n^2 (\ln n)^2 < \infty$,则 $C_n \varphi_n(\chi)$ 的算术平均概收敛。1927 年,波尔根(S. Bor-gen)和喀茨马茨(S. Kaczmarz)又各自给出了:(C) 若 $\sum C_n^2 (\ln \ln n)^2 < \infty$,则 $C_n \varphi_n(\chi)$ 的部分和 $S_n(\chi)$ 之子列 $S_2^k(\chi)$ 概收敛。

1928 年(民国 17 年),陈建功证明了(A)、(B)、(C)的等价性,由此说明正交函数级数的概收敛问题可以转化为级数的求和以及部分和子列的概收敛问题,从而把众多的研究内容都紧密联系在 H. H. 鲁金的猜测题上,为 L. 卡里松的结论奠定了基础。

1929 年(民国 18 年),陈建功发表论文指出,1927 年(民国 16 年)济格蒙德(A. Zygmund)关于里斯(Riesz)典型平均问题的第二个结论一般不成立,并改正了其结果。同年他发表论文,估计了正交函数级数的勒贝格函数 $\rho_n(\chi) = \int \left| \sum_{k=1}^{n} \phi_k(\chi) \varphi_k(y) \mathrm{d}y \right|$ 的阶。给出了当 $n \to \infty$ 时,几乎 $k = 1$ 处处有

$\rho_n(\chi) = O\left[\sqrt{n}\,(\ln n)\left(\frac{1}{2}\right) + s\right]$。这就推翻了希尔勃（E. Hilb）和沙思（O. Szasz）在百科全书中对 1922 年拉德马赫证明的 $\rho_n(\chi) = O\left[\sqrt{n}\,(\ln n)\left(\frac{3}{2}\right) + s\right]$，对 χ 几乎处处成立的这一结果不能再改进的错误结论。陈建功给出了更好的估计，从而为傅里叶级数的收敛提供了一个新估计。

陈建功仅用两年半的时间就接连在日本刊物上发表 10 多篇论文，在正交函数级数的研究中有了系列成果，特别是 1928 年发表在《日本帝国科学院院刊》上的《论带有绝对收敛的傅氏级数的函数类》，是水平最高的一篇。他证得了一个重要的定理：三角级数绝对收敛的充要条件是它为杨氏（Young）连续函数之傅里叶级数。这里的 $f(\chi)$ 为杨氏的三角函数，它可以表示为

$$f(\chi) = \frac{1}{\pi}\int_{-\pi}^{\pi} f_1(\zeta)f_2(\zeta + \chi)\mathrm{d}\zeta$$

其中，f_1 和 f_2 都属于 $L^2(0,2\pi)$，且 2π 为周期。

同年，哈代（G. H. Hardy）与利特尔伍德（J. E. Littlewood）于德国数学时报上也发表了同一结论，因后者发行广泛，世人常称之为哈代－利特尔伍德定理。

在此基础上，陈建功完成了 200 多页的博士论文，于 1929 年（民国 18 年）通过答辩，取得了理学博士学位，这是在日本获得此殊荣的第一个外国人。日本各报纸都在首版刊登了这一消息。陈建功的导师藤原在祝贺会上说："我一生以教书为业，没有多大成就。不过我有一个中国学生，名叫陈建功，这是我一生之最大光荣。"在恩师的安排下，陈建功综合当时国际上的最新成果，用日文撰写了专著《三角级数论》，由岩波书店出版。该书不仅内容丰富，而且许多数学术语之日文表达均属首创，1983 年日本岩波书店出版《日本の数学一百年史》时，再次写进陈建功在日本的全部工作。[1]

1929 年（民国 18 年），陈建功回国，众多大学争相延聘，但是陈建功却选择了条件最差的浙江大学。1928 年（民国 17 年），浙江大学成立了数学系，当时两届学生只有 5 个人，校长邵裴子力邀他出任数学系系主任。而早在 1926 年（民国 15 年）冬天，陈建功就在东北帝国大学遇到了苏步青，陈建功的博士论文就是苏步青给打的字，足足打了一个星期，事后陈建功还请苏步青吃了一顿西餐。他们都是浙江人，早就约好了毕业后都回自己家乡去，

---

〔1〕陈建功.陈建功文集.北京:科学出版社,1981;36,75,64;骆祖英.陈建功与浙江大学数学学派.中国科技史料,1991,12(4):3—11;陈建琳.我的大哥陈建功.浙江文史集萃·教育科技卷.杭州:浙江人民出版社,1996:284—290.

创办一流的数学系，为中国培养一流的数学人才。

苏步青（见图3-14）于1902年（光绪二十八年）9月23日生于浙江省平阳县，17岁时赴日留学，1920年（民国9年）2月以第一名的成绩考取东京高等工业学校，1924年（民国13年）3月又以第一名的成绩考入日本东北帝国大学数学系，三年级时他的论文《关于费开特的一个定理的注记》发表在日本学士院纪要上，引起人们的关注。1927年（民国16年）3月，苏步青大学毕业，4月份直接攻读研究生，1931年（民国20年）2月获得理学博士学位，是继陈建功之后在日本获此殊荣的第二个外国人。同年，苏步

图3-14　苏步青

青践陈建功之约来到了浙江大学，到校后的第二年又接下了陈建功担任的系主任职位，两人在浙江大学亲密合作了20年，为中国培养了大批人才，形成了国际上广为称道的"浙江大学数学学派"。

陈建功和苏步青都是在日本学成归国的，但是在解释中国现代数学与日本的关系时，苏步青并不认可对日本的依附。他认为，虽然中国人去日本学习数学，但那是出于社会环境、教育条件方面的原因。当时日本有中国所缺乏的正规的高等数学教育机构、优良的图书设备和专门的数学杂志。但是客观条件方面的差异并不等于研究水平的差异。日本当时就没有多少数学家，只有一个高木贞治，而高木贞治的数论也是留学德国哥廷根学来的。就美国而言，当时也没有多少数学家，只有一个伯克霍夫（George David Birkhoff）。全世界的数学中心在欧洲，在哥廷根。实际上，陈建功和苏步青早年在日本做的研究，就水平而言都超过了日本的导师，达到了世界先进水平。

浙江大学数学系建系之初可谓步履维艰，陈建功和苏步青每人要开设四五门现代数学的基础课程，陈建功开设高等微积分、级数概论、实变函数、复变函数和微分方程论等课程，苏步青开设坐标几何、综合几何、微分几何和数学研究甲、数学研究乙等课程。开设这些课一般都要自己编写讲义，同时要批改学生的作业、从事科研，工作量非常大。

在教学中，陈建功和苏步青特别重视教学与科研的结合。陈建功认为，要教好书，必须靠科研来提高；反过来，不教书，就培养不出人才，科研也就无法开展。从1931年（民国20年）起，他与苏步青给助教和高年级学生开办了数学讨论班（Seminar）。在20世纪30年代，讨论班的活动分为"数学研究甲"和"数学研究乙"两种。"数学研究甲"面向全体教师和函数论、微分

几何两个专业的学生,规定每人必须事先读懂一篇规定的国外数学研究的前沿性论文,轮流做报告,不仅要讲述论文的内容,还要说明作者的思路和自己的体会;"数学研究乙"的讨论则分函数论和微分几何两个专业单独进行,每个学生要系统研读一本新近出版的数学专著,读后轮流登台讲解,两位教授每堂课必听,并对基本概念提出质疑,请学生回答,同样是一种严格的数学训练。这种讨论班的形式使青年教师和学生面临专业和外语的双重困难,压力非常大。因为按照规定,数学研究讨论班不通过的教师不得晋升,不及格的学生不得毕业。正是在这样严格的训练下为青年教师和学生奠定了扎实的专业基础,培养了过硬的科研能力。

所谓名师出高徒,在陈建功和苏步青的严格训练下,浙江大学数学系从 1932 年(民国 21 年)到 1952 年全国高校院系调整时止,共有毕业生 100 多人,其中 25 人在后来担任了中国高等院校数学系正、副主任或有关研究单位的负责人,有 5 人当选为中国科学院院士。自新中国成立以来,这些学生又大量培养出各自的学生,其中又有 3 人被选为中国科学院院士或中国工程院院士。就函数论和微分几何两个领域而言,浙江大学逐渐形成了具有特色的

图 3-15　谷超豪

学派。在众多弟子中,谷超豪(见图 3-15)无疑具有代表性。1943 年秋,谷超豪考入浙江大学龙泉分校,后来成为苏步青的弟子,1948 年毕业,被苏步青留校任教。之后由于高校院系调整,他于 1952 年转到复旦大学。2010 年 1 月 11 日,谷超豪院士获得了 2009 年度中国国家最高科学技术奖。这不仅是谷超豪院士一生勤奋、努力的结果,也是民国时期浙江大学数学学派留下的辉煌。

除了陈建功和苏步青的研究外,1935 年(民国 24 年),曾炯之在德国留学回国,在浙江大学任教期间研究抽象代数,但是由于他在 1940 年(民国 29 年)不幸病逝,研究工作中断了;20 世纪 40 年代,杭州之江大学的徐钟济曾对多元正态总体某些统计量的数字特征、抽样分布及其他渐近性做过研究。[1]

---

〔1〕 浙江的代数学研究,除 20 世纪 50 年代浙江大学董光昌的除数问题研究外,直到 80 年代才有发展,先后开展了数论、群论、环论等研究,取得了较大进展。

第四章

1937—1949 年浙江的科学和技术：
艰苦奋斗和不懈追求

　　1937 年（民国 26 年），抗日战争爆发，浙江省的科学和技术研究受到了极大破坏。在战争环境下，基础研究缺乏必要的条件，农业科学和生产技术诸多门类陷于停滞。抗战结束后，紧接着又是三年内战，虽然国内的科学和技术研究环境有所改观，但是中国新的政治格局仍未形成，浙江省的科学和技术仍然缺乏保障。直到 1949 年新中国成立，中国才结束了风雨飘摇的历史，浙江的科学和技术才得到重新规划和开展。

　　在这一极不安定的时期，作为浙江省科学和技术研究核心机构的浙江大学经历了两个重大事件：一是竺可桢出任浙江大学校长；二是浙江大学西迁至贵州湄潭。这两件事对浙江大学的教育和科学研究造成了深远影响，特别是在 1936—1946 年（民国 25—民国 35 年）10 年间，出现了奇怪的"浙江大学现象"，即这 10 年恰恰是浙江大学在民国时期最重要的发展阶段。此前 10 年，浙江大学只是一所地方性大学；10 年后，当它回迁杭州时，已经成为学科门类比较齐全、具有国际影响的大学了。这不能不归因于在艰苦卓绝的环境下浙大人孜孜不倦的治学精神，特别是作为浙江大学校长的竺可桢广纳贤才的办校风范和浙江大学在西迁中继续坚持科学教育和科学研究的风气。正是这样一种风气吸引了众多人才投奔浙江大学，使浙江大学的师资队伍和科研力量得到扩充，可谓是不幸中的万幸。

第一节 地球科学的进展

1936 年(民国 25 年),竺可桢聘请原东南大学同事张其昀[1]来浙江大学创办史地系,任主任兼史地研究所所长。以往中国的地理学研究多强调规律性、综合性,强调实地考察和地图的应用;而张其昀则兼重史地,提出了研究地理学的四条新途径:

第一,从通论到方志,首先探讨自然现象的发生、发展规律,再进行区域研究,使地理学成为"有本之学";

第二,从领空到领陆,强调对领空、领海的研究;

第三,从国家到国际,强调用世界的眼光研究中国地理,用中国的眼光研究世界地理,由此提出了关于全球地理的研究;

第四,从既往到将来,指出地理研究中应发挥它的预测功能,为国民经济服务。

这四条新途径恰恰是对当时中国传统地理研究的补充。浙江大学史地系正是在这样的思想指导下创办起来的。在浙江大学西迁期间,张其昀率领史地系的师生编纂了《遵义新志》,做了中国最早的土地利用调查和研究工作,体现了严格的学术风范。

浙江本地的地质和矿产调查由于抗日战争暂时陷于停滞,这一工作直到抗战后才得以恢复。1948 年(民国 37 年),浙江矿产勘测处调查了绍兴浬渚铁矿,认为成矿与火成岩和石灰岩接触交代作用有关。同年,中央研究院地质研究所吴磊伯等在浙江北部首次发现中生代火山岩中的斑脱岩,即膨润土,使膨润土得到开发和利用,成为铅笔芯石墨的黏结剂和矽碳银药片的添加剂。

在气候学上,此间比较突出的是 1943 年(民国 32 年)国立中央大学的陈正祥[2]发表了《浙江之气候》(《地理学报》第 10 卷),对浙江的气候作了较为详细的论述。

在水文方面,20 世纪 30 年代,浙江省开始流量测验和水面蒸发观测,

---

〔1〕 张其昀(1900—1985),字晓峰,浙江鄞县人,地理学家、历史学家。

〔2〕 陈正祥(1922—2003),浙江乐清人,地理学家。1942 年在国立中央大学地理系毕业后留任助教。此后留学日本、英国、澳大利亚等国,获理学博士学位。1948 年执教台湾大学农业经济系。

中、高水位用浮标法，低水位用流速仪，蒸发观测使用直径 20 厘米的水面蒸发器（置于百叶箱内），到 1949 年（民国 38 年），全省已经有水文站 37 个、职工 42 人。

1934 年（民国 23 年），顾颉刚在北平发起成立"禹贡学会"，出版了《禹贡》半月刊，这是历史地理学在中国的开端。顾颉刚的助手谭其骧于 1947 年（民国 36 年）发表了《浙江省历史行政区域——兼论浙江各地的开发过程》，第二年又发表写了《杭州都市发展之经过》，该文是浙江历史地理学方面最早的探索成果。

第二节 生物学和医学成就

1942 年（民国 31 年），浙江大学在湄潭建立生物学研究所，继续开展胚胎学、植物生理学、遗传学等领域的研究，著名实验生物学家贝时璋继续从事细胞重建的研究。此间，植物生理学家罗宗洛来到浙江大学，开始在微量元素、生长素和植物早期生长关系等方面开展研究。同时，谈家桢对"亚洲瓢虫色斑嵌镶显性遗传"的研究受到了国内外学术界的重视。

抗日战争期间浙江的医药研究出现了暂时停滞，只取得了零星成果。1938 年（民国 27 年），杭州同春药房股份有限公司研制成功了化学合成药剂百炎灭（即磺胺乙硫）；1939 年（民国 28 年），於达望编著了《制药化学》；1940 年（民国 29 年），浙江卫生试验所曾研制了国产药品与疫苗。

抗日战争胜利后，浙江的医药化学有了明显进展，1948 年（民国 37 年）浙江省立医学院药学本科设生药、药化、药剂、分析鉴定系，1948—1950 年，出版了一系列著作，包括李佳仁的《实用调剂与制剂学》、顾学裘的《药剂学》、顾学裘、沈文照的《实验药剂学》、於达望的《国药提要》等。1949 年，浙江省立医学院设生物学教研室，蔡堡主编的《生物学》被全国医学院校系用为教材。

一、植物生理学家罗宗洛在浙江大学

1940—1945 年（民国 29—民国 34 年），罗宗洛在浙江大学开创了植物细胞原生质胶体化学和植物矿质营养的研究。

罗宗洛（见图 4-1）于 1898 年（光绪二十四年）8 月 2 日出生于浙江省黄岩县鼓屿乡十里铺村，1918 年（民国 7 年）考取日本东京第一高等学校预

科,1919 年(民国 8 年)升入仙台第二高等学校理科, 1922 年(民国 11 年)毕业,考入北海道帝国大学农学部植物学科,次年师从著名植物生理学家坂村彻教授,从事植物溶液培养研究,并发表了他的第一篇论文《不同浓度的氢离子对植物细胞质的影响》。1925 年(民国 14 年)3 月大学毕业即入该校大学院,1930 年(民国 19 年)6 月获得农学博士学位,同年回国,应聘到中山大学任生物学教授。1932 年(民国 21 年)到上海暨南大学任教,1933 年(民国 22 年)9 月又到中央大学任教。

图 4-1　罗宗洛

1940 年(民国 29 年)3 月,罗宗洛应邀到西迁贵州的浙江大学讲学,竺可桢的治学和治校思想给他留下了深刻印象,经贝时璋、苏步青、陈建功 3 位教授引荐,同年 9 月,他带领 3 名助教来到浙江大学,1944 年(民国 33 年)8 月又调任中央研究院,他在浙江大学工作了 4 年。

当时浙江大学生物系设在遵义东 75 公里处的湄潭。这里山清水秀,物价较廉,生活安静。但是生物系的办学条件非常艰苦,实验室是破旧的祠堂、土地庙或茅棚修葺起来的简单房舍,教学和科研条件要靠师生自己动手解决。没有自来水,就箍起大木桶,搭起高台,挑来湄江水。书刊、仪器、药品等,各系之间可以互通有无。罗宗洛讲授植物生物学的教室设在湄潭城内范天宫的小楼上,听课的人特别多,除了生物系和农学院的选课学生外,还有四五十个农学院各系的讲师、助教。罗宗洛讲课清楚,富有启发性,事先不发讲义,要求学生做笔记;对学派间的争论说得有声有色,对每派的优缺点了如指掌。因此,听完他的一堂课,除了整理笔记以外,还要阅读罗宗洛指定的参考文献,实验课的教学和管理也很严格。当时每周有一次文献报告会,一般设在实验室或者罗宗洛家里。

接近抗战后期,师生们的工作、学习和生活条件更加艰苦。罗宗洛一家人挤在朝贺寺两间年久失修、千疮百孔破房屋里。即使在这样的清苦环境下,罗宗洛仍悉心培育青年,为中国植物生理学研究造就了一批骨干,他本人还在此期间发表了多篇学术论文,做了许多精彩的学术报告,其中《植物的性转换》、《植物水分生理和抗寒性》、《植物的春化作用》等论文和报告不仅在中国国内引起关注,在国际植物生理学界也很有影响。

1944 年(民国 33 年)8 月,罗宗洛出任中央研究院植物研究所所长,先后在国内外发表了植物组织培养的多篇论文,这是在当时还鲜有人接触的领域。他还对植物生长素与微量元素进行研究,形成了自己的理论。1947

年(民国 36 年)2 月,罗宗洛任国民教育部学术审议委员会委员。1948 年(民国 37 年)4 月,他当选为中央研究院院士。[1]

二、谈家桢与现代遗传学

20 世纪 30 年代,浙江大学现代意义上的遗传学主要得益于谈家桢对果蝇染色体遗传结构和瓢虫色斑遗传的研究。

1909 年(宣统元年),谈家桢(见图 4-2)出生于浙江宁波慈溪镇,1926 年(民国 15 年)中学毕业后,因成绩优秀被免试保送到苏州东吴大学。在大学三年级时,美籍教师特斯克讲授的"进化遗传学与优生学"课对他产生了很大影响,1930 年(民国 19 年),谈家桢以优异的成绩从东吴大学毕业,获理学学士学位,

图 4-2 谈家桢

经胡经甫推荐,成为燕京大学李汝祺的研究生。当时李汝祺是燕京大学中唯一从事遗传学教学和研究的学者,并且曾师从美国遗传学家摩尔根,他对谈家桢的学术发展起了非常重要的作用。之后,谈家桢以出色的论文《异色瓢虫鞘翅色斑的变异和遗传》获得了硕士学位,毕业后回到东吴大学任教。他按照李汝祺的意见,将这篇硕士论文分拆成各自独立的三篇文章,其中《异色瓢虫鞘翅色斑的变异》和《异色瓢虫的生物学记录》与李汝祺联名发表在《北平自然历史公报》上;另一篇《异色瓢虫鞘翅色斑的遗传》则寄往美国加州理工学院摩尔根实验室。摩尔根亲自审阅了这篇论文,对其中的观点赞不绝口。他的助手杜布赞斯基是当时国际遗传学界颇负盛名的群体进化遗传学家,他看过谈家桢的论文也称赞不已。经摩尔根和杜布赞斯基共同推荐,谈家桢的论文在美国发表。不久,谈家桢接到摩尔根的信,欢迎他去美国攻读博士学位并且免收学杂费。1934 年(民国 23 年),谈家桢到了美国,成了摩尔根和杜布赞斯基的研究生。

谈家桢进入摩尔根实验室时正值染色体遗传学的全盛时期,他在杜布赞斯基教授的指导下开始了果蝇进化遗传学研究,利用当时研究果蝇唾腺染色体的最新方法分析果蝇近缘种之间的染色体差异和染色体的遗

〔1〕 陈永庆.我国植物生物学的一代宗师——记中国科学院院士罗宗洛.今日科技,2004 (1):15—16.

传图,促进了"现代综合进化论"的形成。在美国期间,谈家桢先后单独或与美、德等国科学家合作发表论文 10 余篇,引起了国际遗传学界的重视。

1936 年(民国 25 年),28 岁的谈家桢以论文《果蝇常染色体的细胞遗传图》顺利通过博士论文答辩,获得博士学位。他通过留美同学朱元及其老师胡刚复的引荐,收到浙江大学校长竺可桢聘他为生物系教授的聘书。1937年(民国 26 年),谈家桢来到了浙江大学。这一年,恰恰是浙江大学被迫西迁的那一年。

刚到校不久,谈家桢就跟随浙江大学辗转搬迁到贵州湄潭,住在破旧的唐家祠堂里,在那里生活了 6 年。在艰苦的生活和工作条件下,他还是完成了很多重要论文,培养了自己的第一代研究生。1937—1944 年(民国 26—民国 33 年),谈家桢利用不同种类的果蝇的唾液腺进行染色体遗传结构的研究,确认了种内与种间亲缘的远近同染色体结构差异呈显著的正相关,并发现果蝇种间的性隔离机制由多基因突变累积形成。他通过对异色瓢虫的研究还提出了异色瓢虫色斑遗传的嵌镶显性现象的理论,证明四种常见异色瓢虫的不同色斑类型可以自由交配,从而构成异色瓢虫的孟德尔式群体,并证明了地理隔离和生态条件是影响群体组成的因素,为开创中国群体遗传学提供了实验依据。

1944 年(民国 33 年),在唐家祠堂里,谈家桢的研究取得了重大突破——发现了瓢虫色斑变异的镶嵌显性现象。[1] 谈家桢因其对摩尔根遗传学说的丰富和发展,被誉为"中国的摩尔根"。

对遗传学领域,物理学家王淦昌也给予了关注。他在 1945 年(民国 34年)发表的一篇题为"对宇宙线粒子的一个新的实验方法的建议"的文章中顺便讨论了细胞和细胞核。王淦昌在文章结尾时写道:"某些活组织可能也可以用作合适的射线显示器。因为已经知道,蛋白质、酶和染色体都会受到 α 粒子和 X 射线的影响。有兴趣注意到,某些组织的细胞核的横截面积(大约是 10^{-9} cm^2)近似地和核乳胶中的溴化银(AgBr)颗粒差不多大,而且在组织中相邻的细胞中的细胞核之间的距离,也和核乳胶中相邻的溴化银颗粒的间距差不多大。所以,如果粒子对细胞的电离效应和对溴化银颗粒的电离效应是一样大的,就有理由预期,在经过适当的处理以后,生物物质可以用作这些粒子的可视化的显示器。"[2]

---

[1] 镶嵌显性现象是指控制一对相对性状的基因,也就是一对等位基因可以各自在身体的不同部分分别表现出显性。镶嵌显性现象的发现被认为是对经典遗传学发展的一大贡献。

[2] 转引自:唐孝威.王淦昌先生和生物学.现代物理知识,1999(4):43.

第三节　现代物理学的开拓

1936 年(民国 25 年)，竺可桢出任浙江大学校长后，浙江大学物理系的教师队伍重新集结，教学和科研工作恢复了以往的蓬勃景象。

西迁到贵州后，理学院设在湄潭，在粒子物理学、固体力学、流体力学方面开展了研究，其中王淦昌中微子的验证问题，范绪箕、钱令希、王仁东等研究固体力学，束星北、王谟显、程开甲、胡济民等在相对论、原子核理论、电动力学等方面开展理论研究。1940 年(民国 29 年)，钱人元撰写的《重核分裂》一文发表在中国《科学》杂志上，被中国科学社特设的"何育杰教授物理学纪念奖金"评为全国三篇优秀论文之一。1947 年(民国 36 年)，卢鹤绂在中国《科学》上发表了《原子能与原子弹》和《重核二分之欠对称》等文，提出了原子核裂不对称的一种解释；同年，他发表在美国《物理月刊》上的论文《关于原子弹的物理学》，在美国文献中被广泛引用。1948 年(民国 37 年)，卢鹤绂又在国内《科学世界》杂志上发表《从铀之分裂到原子弹》等两篇总结性论文。1948 年(民国 37 年)以后，浙江大学还开展了风洞研究。

在诸多现代物理学的研究中，王淦昌对中微子的验证问题的研究无疑更加引人注目，是现代物理学的重要成就之一。

中微子(neutrino)是一种静质量为零的中性轻子，用符号 ν 表示，自旋为 1/2，以光速运动。中微子被认为是构成物质的三类最基本的粒子之一，因此对它的研究始终被视为是全球科学界的顶级课题。

早在 1931 年(民国 20 年)，泡利(Wolfgang Ernst Pauli)[1]为了解释 β 衰变过程中能量和动量的守恒问题，提出可能存在中性粒子。1934 年(民国 23 年)，费米(Enrico Fermi)[2]根据泡利的假设，提出原子核中的中子衰变成质子，同时放出一个电子与中微子的 β 衰变理论。费米的理论指出，原子核 β 衰变的相互作用，不同于电磁相互作用，是一种"弱相互作用"。费米的理论计算与实验结果符合得很好，间接地证明了中微子的存在。但是由于中微子与物质间的相互作用极其微弱，对中微子的检测非常困难。1942

---

〔1〕　泡利(1900—1958)，瑞士籍奥地利物理学家，1925 年发现不相容原理(泡利不相容原理)，为此获 1945 年诺贝尔物理学奖。

〔2〕　费米(1901—1954)，美籍意大利物理学家，因利用中子辐射发现新的放射性元素及慢中子所引起的有关核反应，获 1938 年诺贝尔物理学奖。

年(民国 31 年),王淦昌在浙江大学提出可以利用轨道电子俘获检测中微子的方案。

王淦昌(见图 4-3)在 1907 年(光绪三十三年)出生于江苏常熟县枫塘湾,1925 年(民国 14 年)考进清华大学物理专业,先后得到实验物理学家叶企荪和吴有训的指导。1929 年(民国 18 年)6 月,王淦昌大学毕业后留在清华大学当助教。1930 年(民国 19 年),王淦昌到了柏林大学,于 1933 年(民国 22 年)获得博士学位。1934 年(民国 23 年)4 月回国,先在山东大学工作,1936 年(民国 25 年)由于被何增禄说动,与之一同回到了浙江大学。

图 4-3 王淦昌

1930 年(民国 19 年),王淦昌在柏林大学做物理学家迈特纳(Lise Meitner)[1]的研究生时,曾两次听到关于发现了一种高能量且穿透力极强的 γ 射线的报告。王淦昌认为不可能有穿透力这样大的射线,就对迈特纳说,可否借用师兄菲利普的云室进一步弄清这种辐射的性质,但没有得到迈特纳的同意。1931 年(民国 20 年),约里奥—居里夫妇[2]用这种射线轰击石蜡,并公布了石蜡在"铍射线"照射下产生大量质子的新发现。英国卡文迪许实验室的查德威克(James Chadwick)[3]意识到这种射线很可能就是由中性粒子组成的,他用云室测定这种粒子的质量,发现它们的质量同质子一样,而且不带电荷,他把这种粒子称为"中子",并由于它的发现获得了 1935 年(民国 24 年)诺贝尔物理学奖。

王淦昌回国后没有继续研究这个问题。1940 年(民国 29 年),他在患肺结核病休养期间,翻阅了有关阿尔瓦雷茨的 K 俘获论文,发现正电子的同位素如 Li-7 可以把离核最近的 K 层轨道上的电子俘获到核内,只发射一

〔1〕 迈特纳(1878—1968),奥地利裔瑞典物理学家。1907 年赴柏林大学随普朗克进修理论物理,并和 O.哈恩合作研究放射性,直到 1938 年受纳粹迫害移居瑞典。1926 年柏林大学聘她为特邀教授。1960 年退休到英国。迈特纳的主要贡献大多是同哈恩合作完成的:发现了镁并命名,研究了核同质异能现象和 β 衰变。1938 年,哈恩和 F.斯特拉斯曼发现铀经中子轰击后出现钡,迈特纳和她的外甥 O.R.弗里施于 1939 年提出核裂变概念,以解释哈恩和斯特拉斯曼的实验结果。核裂变和随后裂变链式反应的发现,为核能的应用开辟了道路。

〔2〕 弗里德里克·约里奥—居里(Frederic Joliot-Curie,1900—1958)是法国物理学家,是居里夫妇的女婿。伊雷娜·约里奥·居里(Irene Joliot-curie,1897—1956)也是物理学家,是居里夫妇的女儿,约里奥的妻子。约里奥—居里夫妇由于对人工放射性元素的合成和研究卓有成效而获得 1935 年(民国 24 年)的诺贝尔化学奖。

〔3〕 查德威克(1891—1974),英国物理学家,因发现中子而获得 1935 年诺贝尔物理学奖。

个中微子。王淦昌认为根据云室中这个同位素的反冲径迹就可以计算出反冲原子的动能，它们仅仅取决于所放射的中微子，从而能证明中微子的存在。他为此写作了《探测中微子的建议》一文，先送到《中国物理学报》，由于该学报没有足够的经费印刷复杂的科学公式而未被采用，后来又寄送到美国《物理学评论》(*Physical Review*)，于1942年(民国31年)1月发表。半年后，美国物理学家阿伦(J. S. Allen)读到了王淦昌的论文，按照其思路进行实验，很快发表了实验报告《一个中微子存在的实验证据》，并有了初步结论。但是当时正值第二次世界大战，实验条件不允许，其结论不够确切，王淦昌也因为中国国内战争没有及时看到阿伦的论文。1947年(民国36年)，王淦昌又发表了论文《建议探测中微子的几种方法》，提出除了利用核反冲探测中微子外还可以利用铀反应堆来探测中微子的试验方法，之后被物理学界称为"王—阿伦"方法。

第二次世界大战结束后，美国科学家又做了一系列实验，终于在1952年证实了王淦昌的预见。1956年，美国科学家科温(C. L. Cowan)和莱因斯(F. Reines)通过核反应堆发出的反中微子与质子碰撞证明了中微子的存在。1957年又证实中微子与反中微子不同，在β^+衰变中射出的是正电子和中微子，在β^-衰变中射出的是电子和反中微子。1962年，实验确认存在两种不同的中微子——与电子相伴的电中微子ν_e和与μ子相伴的μ中微子。重轻子τ发现后，有实验证据表明还存在和τ子相伴的τ中微子ν_τ。由于中微子不受强作用和电磁作用的影响，它成为研究弱作用的唯一工具，是粒子物理学中很活跃的研究领域。

1988年，美国科学家莱德曼(Leon M. Lederman)、施瓦茨(Melvin Schwartz)和斯坦博格(Jack Steinberger)因发展中微子束方法并通过发现μ子中微子显示轻子的二重态结构，共同分享了1988年诺贝尔物理学奖；1995年，美国科学家佩尔(M. L. Perl)、莱因斯因发现了自然界中的亚原子粒子：γ轻子、中微子，共同获得了诺贝尔物理学奖；2002年，美国科学家里卡尔多·贾科尼(Riccardo Giacconi)、雷蒙德·戴维斯(Raymond Davis)及日本科学家小柴昌俊由于在探测宇宙中微子方面所取得的成就并导致中微子天文学的诞生，共同获得了诺贝尔物理学奖。

遗憾的是，这些奖项都与王淦昌无缘。如果王淦昌当时不是在实验条件困难的战时的中国，如果他能独力在理论与实验上完成间接证明，也许情况会有所不同。事实上，在20世纪40年代中期，王淦昌已经把主要精力放在了制作探测宇宙线的仪器上，他认为这是在当时中国下最可行的核物理和粒子物理的实验方法。[1] 由于他在这方面的杰出成就,美国科学促进协会(American Association for the Advancement of Science)在1947年(民国36年)发行的《近百年来科学之进步》纪念刊中将王淦昌列为贡献人之一,名列其中的还有彭恒武。1949年(民国38年),基于王淦昌原子核物理研究上的贡献,中华文化基金会董事会评定授予王淦昌第二届范旭东奖金。

第四节 化学领域的拓展

1936年(民国25年)5月,在竺可桢的极力挽留下,李寿恒继续担任浙江大学化学工程系系主任职务。李寿恒担任这一职位长达25年时间,讲授过有机化学、分析化学、工业化学、燃料化学、化工原理等课程。1937年(民国26年),化学工程系建系10周年的时候,已经培养出百余名化工专业的毕业生,在国内声誉颇佳。这一年上半年,清华大学校长梅贻琦还与浙江大学商定,聘请李寿恒为庚款留美化学门研究生武迟(后为中国科学院院士)的指导教师,让武迟在李寿恒指导下修完轻化与煤化学方面的知识后再出国。

一、化学工程系与研究生的培养

抗日战争爆发后,李寿恒带领工学院和化学工程系师生西迁到遵义。在遵义十分艰苦的条件下,他坚持教学和科研工作。1940年(民国29年),化学工程系开始招收研究生,并在1941年(民国30年)建立了化学工程研究所,李寿恒任所长。

由于战局不稳,很难延聘知名教授到浙江大学工作,李寿恒就注意留聘优秀的本科毕业生、研究生和归国校友承担教学、科研工作。当时担任实验教学工作的年轻教师就有十余人,他们后来都成为化工专家和教授。化学工程系原来在杭州收藏的化学、化工书刊和资料种类繁多,李寿恒费尽心力组织人员全部搬迁到了遵义,虽偶有破损散失,但都经过了精心修补和整理,供师生查阅,这对教学和科研产生了极大帮助。此间,李寿恒指导青年教师合作完成了《压热对于木油分解之关系》《遵义白土活性化试验》《遵义团溪锰矿研究》《贵州煤的可洗性研究》等论文,支持教师苏元复和侯毓芬进行萃

---

[1] 周志成.王淦昌与诺贝尔奖.百科知识,1999(4).

取工艺和染料的研究，取得了开创性成果。

1944 年（民国 33 年），浙江大学化学工程系的毕业生占了当时整个中国化工专业毕业生的一半；到了 1949 年（民国 38 年）化学工程系建系 22 周年的时候，已经培养出了 200 名学士和 10 名硕士。

二、有机化学研究

20 世纪 40 年代，浙江有了有机化学研究，主要研究者是浙江大学的王葆仁。

王葆仁（见图 4-4）于 1907 年（光绪三十三年）出生于江苏扬州，1922 年（民国 11 年）考入东南大学化学系，1926 年（民国 15 年）毕业并留校任助教。1933 年（民国 22 年），王葆仁以名列榜首的成绩被录取为首届中英庚款官费留学生，前往伦敦大学帝国学院攻读博士学位。当他将自己在中国已完成的 5 篇论文送交导师索罗普（J. F. Thorpe）时，颇受赞赏，被免去一切考试和预修课程，直接做博士论文。王葆仁用两年时间完成并通过了论文答辩，成为在英国获得化学专业博士学位的第一个中国留学生。1935 年（民国 24 年）秋，王葆仁应德国慕尼黑高等工业大学教授、诺贝尔奖获得者费歇尔（H. Fischer）的邀请赴该校任客座研究员。一年后，他回国任同济大学化学教授，并筹建理学院，兼任理学院院长和化学系主任，成为当时同济大学首次担任高级职务的中国教授。

抗日战争爆发后，王葆仁全家随同济大学西迁，辗转绕道越南才到达云南昆明，后又迁往四川宜宾。1941 年（民国 30 年），王葆仁应浙江大学校长竺可桢邀请来到湄潭。抗战胜利后，他随浙江大学来到杭州。

王葆仁是中国有机化学研究的先驱者之一，他看到在有机化学的发展中，炼焦工业的发展和染料工业的需求，使有机化学中芳香族化学得到了很大的发展，导致染料化学的出现；而对杂环化合物的广泛研究又发展了药物化学。因此，20 世纪 40 年代他转而研究合成染料与药物。在湄潭期间，他曾指导

图 4-4 王葆仁

学生制备海昌蓝、DDT、味精以及研究中药鸦胆子和合成磺胺新衍生物的药物等，以期找到疗效更好而副作用又少的磺胺类药物。在当时大量使用磺胺药但又未发现磺胺衍生物的情况下，王葆仁的思路是有远见卓识的。遗

憾的是,当时限于试剂与药理等条件,没有取得应有结果。[1]

三、分析化学和化学通史研究

浙江的分析化学研究开始于王琎[2]和丁绪贤[3]。1937 年(民国 26 年)和 1946 年(民国 35 年),王琎和丁绪贤先后来到浙江大学,成为把半微量定性分析引入国内的创导者和把分析化学同中国化学史有机结合起来的研究者。

王琎在 1923 年(民国 12 年)分析五铢钱的化学成分时,首先对分析方法的准确度进行了研究。在化学史方面,他提倡用现代科学知识和手段测定数据,然后结合文献考核的方法从事研究,由此开创了以分析实验结果为依据、与历史考证相结合的科学史研究方法。中华人民共和国成立后,他还撰写了《中国古代化学的成就》、《中国古代碱金属和碱土金属化合物的鉴定和应用》两篇论文,先后发表在《科学通报》(1950 年)、《浙江师范学院学报》(1956 年)上,给化学史增添了新的内容。

图 4-5　丁绪贤

丁绪贤(见图 4-5)则侧重于世界化学通史的研究。1919 年(民国 8 年),他在北京高等师范学校的《理化杂志》创刊号上发表了《化学家普力司莱传》一文,对英国化学家普里斯特里(J. Priestley)作了全面介绍。同年,他被北京大学总长蔡元培聘为化学系教授兼系主任,讲授化学的同时兼设化学史课程。

〔1〕　中国化学会.中国化学五十年.北京:科学出版社,1985;244—312.

〔2〕　王琎(1888—1966),字季梁,原籍浙江黄岩,化学家和化学史学家。1909 年(宣统元年)赴美留学,先后就读于美国库欣学院和里海大学,1914 年(民国 3 年)获里海大学学士学位。回国后历任湖南工业专门学校和南京高等师范学校教授、化学系主任,中央研究院化学研究所第一任所长。1934 年赴美进修,在明尼苏达大学研究院任研究员,1936 年(民国 25 年)获该院科学硕士学位。回国后历任四川大学教授、浙江大学理化系教授兼系主任、师范学院院长、理学院代理院长及杭州大学教授等职。他是中国科学社及其《科学》期刊的创办人之一,20 年代曾任该社董事及《科学》杂志编辑部主任;是中国化学会的发起人之一,并任该会首届常务理事。

〔3〕　丁绪贤(1885—1978),字庶为,安徽阜阳人,化学家。1908 年春参加公费留学英国的考试,赴英留学,1909 年(宣统元年)就读于伦敦大学化学系,1910 年年底回国。1911—1916 年,于伦敦大学化学系攻读 6 年。1912 年前后,他与留英同学王星拱、石瑛等人于伦敦发起成立"中国科学社",后因留美同学任鸿隽、赵元任等人于 1914 年在美国也成立了同样组织,且人数较多,丁绪贤转而支持并参加其活动,成为"永久会员"。1917 年回国,任北京高等师范学校化学教授,1946 年应聘到湄潭浙江大学任化学教授。抗战胜利后随浙江大学返回杭州,直到逝世。

他认为，化学史对化学专业的人才培养大有裨益：第一，它打破了狭窄的专业局限，能统观化学发展的过程、扩大视野；第二，有利于养成观察问题的发展观点及正确的历史观；第三，从根本上给人以训练，提供化学知识基础；第四，从前人的成败中取得借鉴、观往知来。实际上，这也是科学技术史对科学和技术研究的一般作用。丁绪贤的观点对今天的科学技术史研究和人才培养都具有重要意义。

1919年（民国8年），丁绪贤还在《北京大学月刊》创刊号上发表了《有机化学史》长篇译作，介绍了有机化学这门19世纪的新兴学科的发展史，并创译了许多化学史专有名词。为了解决化学史的教材问题，丁绪贤还在1925年（民国14年）出版了《化学史通考》[1]一书，这是中国第一部具有学术价值的化学史专著。在他的影响下，中国高等院校也纷纷开设了化学史课程。

丁绪贤还是中国半微量分析化学的倡导者之一。他在分析化学领域内很重视基础理论研究及先进分析方法、分析仪器和分析试剂的采用。当时中国在教学、科研及生产中大多沿用传统的常量分析方法，耗费的时间、人力和财力都很大，而国外已经发展了半微量分析技术。于是，丁绪贤在中国也倡导并推广使用半微量定性分析法。当时中国没有现成的文献和仪器，他就将恩格尔德等著的《半微量定性分析》[2]和霍布金等著的《试验金属及酸根用有机试剂》[3]译成中文。1948年，他让他在美留学的次子丁光生自费购回一套半微量定性分析仪器及有机试剂共1500件，全部赠送给了浙江

---

〔1〕 这是丁绪贤的代表作，全书共7编24章，约40万字。前6编为断代化学通史，第7编为特别化学史，包括实验化学及工业化学2章。此书按下列体例写成：①"年代和门类互为纲目"；②"插入名人传记于有特别关系之处"；③"以概论和批评助学者的思想和记忆，而以原文、表册和史料为根据或参考"，与英国学派编著体例一致。《化学史通考》将化学史断代为：①上古时代（远古至公元500年）；②中古时代，下分点金（300—1500）、制药（1500—1700）及燃素（1700—1770）三个阶段；③近世时代，下分第一（1770—1800）、第二（1800—1860）及第三（1860—1900）三个阶段；④最近时代（1900—1920）。这种分期断代是正确的，符合化学自身发展实际。1936年，丁绪贤增订了该书的第二版，由商务印书馆出版，第二版增补了库珀（A. S. Coupe）、迈尔（V. Meyer）、拜耳（A. Bayer）及埃尔利希（P. Ehrlich）等人的传记，加写电离学说最新发展、20世纪最新元素及中子、电子的发现，以及原子结构理论等，将原来人物照片由40幅增至80幅，还增添主题索引及中外文人名对照表，使读者便于检索，是中国科学史著作设索引的先例。丁绪贤本拟再出第三版，补写中国化学史及所授分析化学历史，但战时时局动荡，未能实现。幸而此工作后由张子高、李乔苹、袁翰青及曹元宇等完成，于1951年由商务印书馆重印第二版。丁绪贤的《化学史通考》为中国开展世界化学史研究打下了基础。
〔2〕 丁绪贤译.半微量定性分析.上海：商务印书馆，1947.
〔3〕 丁绪贤译.试验金属及酸根用有机试剂.上海：中国图书仪器公司，1949.

大学化学系。他亲手用这套仪器、试剂做半微量定性分析,培养年轻人掌握这套技术,并向全国推广。

丁绪贤还是中国最早提出在定性分析中使用硫代乙酰胺代替硫化氢的方法的人。按照传统方法,做此分析时必用有毒有臭的硫化氢气体,不仅对操作人员有害,而且污染环境。自从丁绪贤发表《硫代乙酰胺的制备及其在半微量分析中的应用》[1]论文后,各地皆仿效此法,并且编入了大专院校教材之中。

1949年以后,丁绪贤在助手的协助下完成了《铜组分析的简化法和铜砷组中铋、铅、铜及镉的快速分析法》、《健那绿作为亚锡和高汞的特效试剂》[2]等论文,均有实际应用价值。

第五节　农业基础研究的进展

1937年(民国26年),抗日战争的爆发使浙江省的农业生产遭受严重破坏,作物产量大幅度下降,农业科学和技术研究也出现困难。

一、浙江省农业改进所与相关研究

1938年(民国27年),浙北被日军侵占,农业试验工作由杭州迁到松阳县,成立了浙江省农业改进所,隶属于浙江省建设厅,主要负责全省农业技术事宜。其内部机构初设总务股、农艺股、森林股、病虫害股、畜牧兽医股、推广股、农田水利股等7股,后陆续添设蚕丝股、会计室等,于从事稻麦品种改良、栽培技术和耕作制度等方面的研究改进所还另设大竹溪繁殖场、项衡稻作实验区,试制了高免血清,开始制造猪瘟脏器苗进行免疫。1927—1928年(民国16—民国17年),东阳县出现了鸡新城疫,到了1947年(民国36年),诸暨和江山县应用鸡瘟血清注射防止疫情。但是农业改进所的工作由于经费缺乏、人员不稳定,许多研究和推广计划都得不到落实。

浙江省农业改进所的稻麦改良工作由莫定森主持,继续推广稻麦新品

---

〔1〕 丁绪贤等.硫代乙酰胺的制备和它在半微量定性分析中的应用.化学通报,1956(3):27—36.

〔2〕 丁绪贤等.铜组分析的简化法和铜砷组中铋、铅及镉的快速分析法.化学世界,1958,13(5):201—204;丁绪贤等.健那绿作为亚锡和高汞的特效试剂.浙江大学学报,1959(1):73—81.

种和扩大双季稻栽培面积，推广水稻良种面积共达 32.7 万亩，双季稻 16.97 万亩，纯系小麦 38.24 万亩。同时还利用冬闲田，大力扩种小麦、大麦、油菜、蚕豆、豌豆等冬季作物，以缓解粮食供应紧张问题，扩种冬季作物 1085.25 万亩，垦荒 41.2 万亩，糯稻改籼稻 82.12 万亩，估计增产粮食至少达 1558.32 万担，按 7 年平均计算每年 222.62 万担，增产的部分对保证战时浙江后方军民粮食供应、增强抗战力量发挥了巨大作用。莫定森因此被称为"抗战无名英雄"。

1943 年（民国 32 年），浙江省农业改进所进行了小麦肥料试验，确认人粪尿最为经济、有效，桐饼及柏饼不显著，茶籽饼有抑制生长的作用，不宜施用，并提出不同田块的适宜畦幅以及最佳播种期，指出防治散黑穗病以冷水温汤浸种为唯一有效措施。

二、浙江大学农学院在湄潭的基础研究

浙江大学西迁后，1940 年（民国 29 年）2 月，浙江大学西迁至贵州遵义后，将其农学院设在湄潭。在相对平静的环境下，科学研究工作得以进行，如水稻育种、芥菜变异、蔬菜果树园艺新品种的推广、植物无性繁殖、观赏植物栽培、土壤试剂、豆薯杀虫、五倍子研究、刺梨营养研究、白木耳人工栽培、蝗虫稻苞虫防治、蚕丝增长研究、农家经济研究等，其中刺梨和五倍子还成为现代轻工业的支柱产业。[1]

1938 年（民国 27 年），朱祖祥[2]（见图 4-6）在浙江大学西迁途中毕业，留校任助教。此时，原农学院农艺系下的农化组逐渐成为热门专业。1939 年（民国 28 年）5 月，当浙江大学暂驻在宜山时，农化组正式独立为农业化学系，朱祖祥成为农化系的教学和科研骨干。浙江大学迁至遵义并将农学院设置在湄潭后，朱祖祥又承担了除农产制造课以外的本系全部实验课以及实验室建设。

1944 年（民国 33 年）冬，朱祖祥经浙江大学农学

图 4-6　朱祖祥

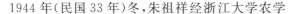

〔1〕 幸必达.浙江大学在遵义.中华文史资料文库（第 17 卷）.北京：中国文史出版社，1996：551.

〔2〕 朱祖祥（1916—1997），浙江慈溪人，著名土壤学家、农业教育家、中国科学院学部委员，对土壤化学和土壤物理学有很深造诣。由他编著的大学教材《土壤学》被广泛采用。为创建、发展浙江农业大学土壤农业化学系、环境保护系和中国水稻研究所，做出了重要贡献。

院推荐,通过了中华农学会的选拔和教育部组织的考试,以优异的成绩被选送到美国密执安州立大学研究生院深造,主修土壤化学,辅修植物生理学和表面化学。他在3年的时间里完成了两篇学位论文,1946年(民国35年)获得硕士学位,1948年(民国37年)获得博士学位。由于他成绩优异,其系主任和导师特致函浙江大学,高度评价了朱祖祥的学业水平和科研成就,并赞扬他在密执安州立大学土壤系研究生中享有的声誉。朱祖祥获得学位后即回到浙江大学任教。浙江大学师资聘任委员会本来打算先聘朱祖祥为农学院副教授,但是鉴于密执安大学的推荐函,最后决定聘他为教授。朱祖祥此后在浙江大学40多年的教学生涯中,为中国培养了大批本科毕业生和硕士、博士研究生,发表了60多篇研究论文和学术论著。他于1956年出版的《土壤学》一书很快被中国很多农林院校采纳为普通土壤学教科书或主要参考书。

三、作物生产科学的进展

战时设在湄潭的浙江大学农学院因地制宜,联系当地农业生产,取得诸多成果,包括卢守耕的水稻育种和胡麻杂交,孙逢吉的芥菜变种研究,吴耕民的甘薯、西瓜、洋葱等蔬菜瓜果新种在湄潭的试植和推广及湄潭胡桃、刺梨之研究,熊同和的植物无性繁殖,林汝瑶的观赏植物,杨守真的豆薯各部的杀虫,彭谦与朱祖祥的土壤酸度试剂,蔡邦华与唐觉的五倍子研究,陈锡臣的小麦研究,过兴先的玉米和棉花研究,储椒生的榨菜研究,罗登义的营养学,陈鸿逵与杨新美的白木耳栽培,葛起新的茶树病虫害,祝汝佐的中国桑虫,杨新美的贵州食用菌人工栽培,蔡邦华的西南各省蝗虫、马铃薯蛀虫、稻苞虫研究,夏振铎的柞蚕寄生蝇,王福山的蚕丝增长,郑蘅的柞蚕卵物理性状等研究,都是结合生产实际进行的并取得了成果。其中,1941年(民国30年),孙逢吉为研究中国油菜,向英国皇家植物园哈瓦特(Howard)征得了5种芸薹属植物种子各几十粒,于景让从韩国引入19个染色体的大油菜,这是中国最早引进的甘蓝型油菜。

在蚕桑研究上,抗战爆发后,浙江省立杭州蚕丝职业学校易地10处,由浙西、浙东到浙南,1945年(民国34年)12月才迁回杭州。而生物学家蔡堡则在遵义创办了中国蚕桑研究所。

蔡堡(1897—1986,见图4-7),字作屏,余杭高桥头人。1923年(民国12年),他毕业于北京大学地质系,同年去美国耶鲁大学和哥伦比亚大学研究院专攻动物学,获得硕士学位,1926年(民国15年)回国。他先任复旦大学生物系教授，后任中央大学生物系教授兼系主任、医预科主任、理学院院长，并兼任中华教育文化基金董事会动物学讲座生物系主任。1933 年（民国 22 年），蔡堡再度赴美进修，任美国耶鲁大学名誉研究员，1934 年（民国 23 年）回国，任浙江大学生物系教授兼系主任、文理学院院长。

图 4-7 蔡堡

1937 年（民国 26 年），蔡堡奉命兼任了浙江省蚕桑研究所所长。但不久，抗日战争爆发，他随浙江大学西迁。1939 年（民国 28 年），他接受中英庚款董事会的建议在遵义筹建中国蚕桑研究所。

蔡堡跑遍了遵义，最后决定把中国蚕桑研究所建在遵义百艺厂旧址，在经费不多的情况下，经济建房，大部分钱款都用在了购置图书、仪器及设备上。中国蚕桑研究所分育蚕、栽桑两大组，另外还组织了胚胎研究、细胞遗传研究室、分析化学实验室、细菌实验室和生理实验室等，主要工作包括收集各地的农家品种，进行杂交育种，并进行遗传基础理论研究；研究家蚕的组织胚胎、细胞、生理生化和病害等；收集家桑和野桑品种，并栽种了 20 余亩桑品种标本园和实验桑园；此外，还出版了《中国蚕桑研究所汇报》共 3 期。

为了进行蚕桑研究，蔡堡以半工半读的方式召集了大量研究人员，而行政人员只有 4 位，包括会计、出纳、事务和图书管理人员，行政办事效率高、科研工作顺利，得到当时代表中英庚款董事会的英国剑桥大学教授李约瑟的称赞。

1946 年（民国 35 年），中国蚕桑研究所迁回杭州，借用浙江大学农学院的土地修建了实验室和生活用房 10 余间，借用浙江大学蚕桑系桑园开展工作，仍由蔡堡任所长，当时研究人员有陈士怡、蒋天骥、陈荣光等，与浙江大学农学院合作开展桑品种选育、蚕病、蚕生理等方面的研究。1949 年（民国 38 年）秋，蚕桑研究所隶属于浙江省农林厅蚕业改进所，更名为蚕桑试验场，场长由浙江大学蚕桑系教授陆星垣兼任，开展桑虫生物防治、蚕病和家蚕遗传育种等工作。1940—1943 年（民国 29—民国 32 年），浙江省农业改进所从余杭、临海、杭州等地征集到地方品种 11 种，选出茧质、抗病兼优的石灰、绉纱、余杭和临海 4 种，分离得拱-A，茧层率 21.1%；余杭 25D，茧层率 19.43%。1954 年初，蚕桑试验场停办，桑园还给了浙江农学院，原有图书、仪器分别拨交镇江蚕业研究所、浙江农学院和蚕业改进所，原有科研人员另行分配到了上海实验生物研究所、浙江大学、安徽农学院、镇江蚕业研究所等单位。

浙江大学在贵州期间,罗登义还发现了贵州省野果刺梨中维生素 C 的含量高达 2054～2729 毫克/100 克,为迄今含有维生素 C 最高纪录的天然食物。之后,他编著了《大众营养》《营养论丛》《谷类化学》等,并发表学术论著 34 种。

四、抗战胜利后浙江农业科学和技术的开展

在茶叶种植上,1937 年(民国 26 年),嵊县三界建立了浙江茶业改良场。1939 年(民国 28 年),杭县林牧公司从日本引进了绿茶揉捻机、粗揉机等试验机械制茶。1941 年(民国 30 年),财政部贸委会茶叶处长吴觉农在衢州市万川成立东南茶叶改良总场,同年 9 月奉令改为财政部贸委会茶叶研究所。浙江省采用机械精制茶叶开始于 1945 年(民国 34 年),杭州、绍兴等地采用日本铁木结构茶机开设精制茶工场。1947 年(民国 36 年),吴觉农从台湾购置整套精制加工机械,在杭州开办了之江茶厂。

20 世纪 40 年代,浙江的黄红麻开始作为商品生产,1949 年(民国 38 年)全省种麻面积 5866 公顷,亩产 108 公斤。

在棉花种植上,抗日战争后由于棉花销路不畅和粮食紧张,棉花生产日趋萎缩,到了 1949 年浙江省植棉仅为 7.83 万公顷,皮棉亩产只有 6 公斤。1946—1947 年(民国 35—民国 36 年),浙江省农业改进所引进德字棉"531"种子 100 吨,在镇海、慈溪、余姚、萧山县推广;引进坷字棉种子 15 吨在舟山种植。但是由于引进品种迅速退化兼栽培技术跟不上,尤其对红蜘蛛、卷叶虫等病虫害不能有效防治,推广速度缓慢,到了 1949 年,浙江省仍然以中棉为主。

20 世纪 40 年代中后期,浙江的农业科学在理论研究上有了新的发展。1946 年(民国 35 年),丁振麟在《中华农学会报》上发表《野生大豆与栽培大豆之遗传研究》,获中央研究院论文二等奖。1947 年(民国 36 年),汪丽泉发表《大麦的遗传》论文,报道了大麦若干农艺性状的基因互作、连锁遗传、数量性状的遗传动态,提出了大麦未成熟前茎色泽受两对互补基因控制,芒为上位性基因控制,颖色与叶耳色、芒长与叶形呈连锁遗传,秆高及穗长属多基因遗传等研究结论。

1947 年(民国 36 年),浙江大学农学院吴耕民、沈德绪从杭州市郊古荡获得了大型农家萝卜品种,经过 7 年的系统选种,育成了享誉全国的浙大长萝卜,直根粗壮,长 80 厘米左右,平均根重 2～2.5 公斤,最大根重 11.2 公

斤,开创了浙江省蔬菜品种选育的新时期。20 世纪 50 年代,浙江大学农学院又通过有性杂交,育成了浙农 5 号番茄和浙农早生 8 号结球白菜等,开创了浙江省蔬菜杂交育种的先例。

在病虫防治技术方面,1948 年(民国 37 年),农业昆虫学家祝汝佐与李学骝合作,进行了更大规模的寄生蜂实验。他们在浙江崇德 4 个自然村放蜂 9 次,总数达 245 万余头,这是当时规模最大的一次实验。结果表明,非放蜂区卵寄生率为 16.90％～20.07％,而放蜂区达 41.28％,寄生率提高达一倍以上;近放蜂区寄生率为 33.20％,也提高了 50％以上,螟害损失率在放蜂区降低了 50％左右。1949 年,浙江省农科所和农学院用鱼藤精加中性皂大面积防治枇杷黄毛虫也取得了成功。

20 世纪 40 年代,杭州、金华、宁波等地开始饲养荷兰乳牛及娟珊牛、更赛牛等乳牛。1947 年(民国 36 年),农林部中央畜牧实验所在海宁县办了嘉兴绵羊场(1950 年迁吴兴县),用考力代公羊杂交改良湖羊。同年,蔡冠洛发起组织蜂业合作社,1949 年(民国 38 年),全省养蜜蜂达 8000 群。

抗战胜利后,浙江的农业机械化显著增强,逐渐批量地引进了拖拉机、柴油机和抽水机等机械。1946 年(民国 35 年),行政院善后救济总署拨给浙江省 10 余台美制拖拉机及少量柴油机、抽水机,用于农耕示范与排灌,并于 1947 年(民国 36 年)培训出省内第一批拖拉机手和抽水机手。1948 年(民国 37 年)春,余杭闲林镇白洋畈归侨合作农场、桐庐下洋洲合作农场开始使用拖拉机。1949 年(民国 38 年),浙江省实业厅机械农垦队用 5 台美制轮式拖拉机在萧山县靖江飞机场垦荒 93 公顷,为浙江省规模化机械耕作的开端。1949 年时,浙江全省拥有排灌机械动力 1232 台、8876 马力,受益农田 1.67 万公顷。

在林业科学中,桉树在 20 世纪 30 年代中期被引种到浙江省。1938 年(民国 27 年),宁波人徐维通在龙泉县龙剑办起了"通记"松香厂,开始大规模提炼松香。1944—1945 年(民国 33—民国 34 年),林学家陈嵘在安吉县晓墅首次引种湿地松、火炬松成功。

在作物气象研究方面,1949 年,浙江省水利局测候所出版了《浙江的气候概观并说明霜期与栽培作物的关系》,分别对 10 余种作物的播种、栽培、施肥、灌溉、除草等环节的气候适宜性进行了分析,还分析了霜冻对作物的危害,绘制了全省平均初终霜日期图。

第六节　抗战胜利后工业和交通通信技术的恢复与发展

　　抗战时期,西迁的浙江大学工学院在化学工程领域取得了较多成果,在油脂、燃料研究、日用化工、萃取理论和工艺改进、活性燃料等,机械方面的自动化研究,土木方面的悬索桥理论和余能定理的应用,电机方面的电工学和电力设计,都有独到之处。[1] 钱令希在 1943 年(民国 32 年)11 月应浙江大学工学院院长王国松的邀请来到工学院,在悬索桥理论和余能定理的应用方面取得进展,1946 年(民国 35 年),他在美国《土木工程学报》上发表了《悬索桥近似分析》一文;同年,他的另一篇论文《关于梁与拱的函数分布与感应》获得了重庆国民政府颁发的科学奖。

　　但是抗战期间,浙江省本地的工业生产、交通、邮电设施及城市建设遭到了严重破坏,杭州电厂大多停业,只有艮山门发电厂还在供电,供电最高负荷仅为 2000 多千瓦。1940 年(民国 29 年),浙江省乡村工业实验所在丽水县太平乡创办了太平汛水电站,装机容量仅 14 千瓦,第二年开始发电。直到抗战胜利以后,浙江的工业生产和交通通信业才有所好转。1949 年,全省总装机容量达到 3.3 万千瓦。

　　1948 年(民国 37 年),浙赣铁路局电话所改建为 300 门共电交换机,总机为联邦德国西门子电气分公司产品,分机为英国伊立克电气公司产品。同年,沪杭线装上 WE 脉冲选号式调度电话,调度员使用齿轮扳机选号,具有单呼、集呼功能。在水运方面,1948 年(民国 37 年),江南号和海螺号两艘机轮首次试航沪杭线钱塘江水路成功。

　　在机械制造领域,1947 年(民国 36 年),泰鑫铁工厂(后改名杭州锅炉厂)制造 1 吨/小时外燃回火管锅炉。

　　在无机化工领域,1942—1947 年(民国 31—民国 36 年),温州乐清人朱子取等人曾用电解法和苛化法制得液体和固体烧碱。1946 年(民国 35 年),湖州菱湖化学厂率先采用碳化法制得沉淀碳酸钙。1948 年(民国 37 年),杭州大同电化股份有限公司孙洪成等采用食盐电解法,创办了浙江省第一家工业化烧碱车间,利用电解法烧碱联产的氯气,直接氯化消石灰,制得次氯酸钙(漂白粉)。

　　抗战时期,浙江省的蚕丝业进入了低谷,日本侵略军占领浙江时砍伐了

---

〔1〕　幸必达.浙江大学在遵义.中华文史资料文库(第 17 卷).北京:中国文史出版社,1996:551.

沪杭铁路沿线全部桑树,沦陷区的丝厂、蚕种场、蚕丝教育科研机构也遭到洗劫。1938 年(民国 27 年),日本侵略者在"日本蚕丝国策会社"名义下,纠集日本蚕丝垄断企业 218 个单位共同投资,在上海成立"华中蚕丝公司",在浙江成立杭州、嘉兴分公司,在湖州、长安、硖石、海盐设办事处,颁发了《管理丝茧事业临时办法》《关于蚕丝事业统制指导要领》等一系列霸权法令,规定蚕种、茧丝绸、销售等统由华中蚕丝公司经营控制,从组织上建立了一套掠夺浙江蚕丝的体制。据不完全统计,1938—1943 年(民国 27—民国 32 年),杭州纬成、庆成、天章、长安等厂所生产的 2 万担生丝全被掠夺;1936—1946 年(民国 25—民国 35 年)底,浙江省桑园面积由 365 万亩下降至 99.5 万亩,产茧量由 46800 吨下降至 8850 吨,丝车由 8526 台下降至 3776 台,产绸量由 300 万匹下降至 50 万匹。素称"丝绸之府"的浙江蚕丝业元气大伤,一落千丈。

抗战胜利后,浙江省的蚕丝生产情况并没有得到扭转,在国民政府官僚资本所经营的中国蚕丝公司的垄断下,实行压价收茧,致使浙江省蚕农无力扩大生产,阻碍了丝绸业的发展;并且随着国民党统治区政治、经济和社会危机的日益加剧,民族资本经营的丝绸厂亏损日益增加,到 1948 年(民国 37 年),缫丝厂仅存 11 家,绸厂、机坊中机台有 3/4 被关停,丝绸产量大幅滑坡。

民国末年,浙江的黄麻纺织有了发展。1949 年,杭州建成了浙江麻纺织厂,采用从上海调拨的英国产的黄麻纺织设备 1616 枚纺锭、94 台织机,年生产能力达到 250 万条麻袋,成为当时中国最大的黄麻纺织厂,并于1950 年 8 月 1 日制出省内第一条机制麻袋。同期,浙江省工矿厅选择浙江铁工厂(后改名杭州制氧机厂)等 9 个厂在消化吸收上海经纬麻纺织厂的设备与工艺基础上进行了 300 多项改进,研制完成软麻、梳麻、并条、细纱、准备、织布、整理等设备共 23 种 169 台(套),开创了中国制造成套黄麻纺织设备的历史。

在造纸工业上,1938 年(民国 27 年),在龙泉的浙江省手工业指导所纸业改进场生产手工新闻纸。1940 年以后,浙江省发展圆网造纸,生产有光纸、印刷纸、包装纸等产品。

1937 年(民国 26 年)以后,浙江省的面粉加工业有了较大发展。1948年(民国 37 年),嘉兴油厂采用水压机(圆形)压榨菜籽油,1950 年以后规模较大的油厂陆续采用螺旋榨油机、多层蒸锅、对辊轧坯机等设备,并推行高水分蒸坯、低水分入榨等技术,实现了压榨制油的机械化。

第七节　卓越的数学成就：浙江大学数学学派

抗日战争爆发后，1941 年（民国 30 年），浙江大学理学院迁到贵州湄潭，增设了数学研究所。研究所的地址在湄潭南门外的周家祠堂，所长由苏步青兼任。原数学系的图书也从杭州运到了湄潭，开架借阅。当时数学系的科研工作主要分四个方面：①数学分析，陈建功、王福春、卢庆俊、徐瑞云、程民德、项辅辰等研究三角级数和单叶函数，其中王福春的研究成果受英国数学家的关注，曾发表在英国的数学季刊上；②微分几何，苏步青带领熊全治、张素诚、白正国、吴祖基等研究射影微分几何；③代数学，研究者包括蒋硕民、崔士英、曹锡华等；④数学史，钱宝琮成为中国著名的数学史家。[1]

在艰苦的教学、科研和生活条件下，陈建功和苏步青的数学讨论班依然在进行。当时苏步青一家住在一个破庙里，晚上，他把烟熏火燎的桐油灯放在菩萨的香案上看书。有一次，为了躲避警报，他把学生带到一个山洞里，他说："山洞虽小，但数学的天地是广阔的。现在，数学讨论班照常进行。"

在抗战 8 年中，陈建功和苏步青笔耕不辍，各自完成了 10 多篇论文，推进了现代数学的研究。

一、陈建功的主要研究成果

20 世纪 40 年代，陈建功的研究工作主要在三角级数论方面。其中具有代表性的研究有如下几项。

1. 单叶函数论研究

单叶函数论的中心问题之一是系数的估值问题。若设 $f(z) = z + a_2 z^2 + a_3 z^3 + \cdots$ 是单位圆内的单叶解析函数，并记此种函数全体为 S。

1916 年，比勃巴赫（Bieberbach）提出了如下猜想：若 $f \in S$，则 $|a_n| \leqslant n$。等号成立限于柯贝（Koebe）函数 $K(Z) = Z/(1 - Z)^2$ 及其旋转 $e^{-i\phi k}(e^{i\phi Z})$。

几十年间，中国数学家用多种方法对一般的 a_n 进行估值。陈建功考虑了 S 的某种子类中的函数的系数的估值问题，设 $f \in S$，且成立：$f(e^{i(2\pi/k)}Z) = e^{i(2\pi/k)}f(Z)$，则称 $f(Z)$ 是 K 次对称函数，且记此种函数的全体为 S_k。1933

〔1〕 王增藩. 苏步青传. 上海：复旦大学出版社，2005：65.

年,他证得了下列结果[1]:若 $f \in S_k$,则 $n^{(k-2)/k} |a_n| < e^k$ ($n = 1, 2, \cdots, k = 2, 3$),并且指出估计就系数增长的阶来说是精确的。

还证得:若 $f \in S_k$, $Zf'(z)$ 在单位圆内是 P 叶的,则有 $n^{(k-0)/k} |a_n| < Pe^{1/k}$ ($k, n = 1, 2, \cdots$)

上述结果不仅在国内引出了大量研究工作,且在较长时期内没有人超过这一结果。

2. 三角级数

1944 年,陈建功获得了关于傅里叶级数蔡查罗绝对可和性的充要条件[2],即设 $f \in L(0, 2\pi)$,且以 2π 为周期,又设:

$$\Psi_x(t) = \tfrac{1}{2} \{f(x+t) - (x-t)\}, P > 1, 0 > k > 1$$

所对 x 有实数 q,使 $q + pk > 1$,且当 $h \rightarrow +0$ 时,

$$\int_0^\pi |\Psi_x(t+h) - \Psi_x(t-h)|^p t^{-q} dt = O(h^{pk})$$

则当 $\alpha > \max\left(\dfrac{1}{2} - k, \dfrac{1}{p} - k\right)$ 时,f 的傅氏级数在点 x 处可以绝对 (c, α) 求和,同时可以 $(c - \beta)$ 求和,其中 $\beta > -k$。

显然,当 $q = 0, P < 2$ 的时候,结果便扩充了 1928 年哈代 — 李特伍德定理。

陈建功关于函数论的研究工作及其水平,属于世界一流。

二、苏步青的主要研究成果

苏步青的工作主要集中在微分几何上。

1872 年,德国数学家克莱茵(F. Klein)提出了著名的"埃尔兰根纲领(Erlangn Program)",其中总结了当时几何学发展情况,认为每一种几何学都联系一种变换群,每一种几何学所研究的内容就是在这些变换群下的不变性质。除了欧氏空间运动群之外,最为人熟知的是仿射变换群和射影变换群。因而,在 19 世纪后期和 20 世纪上半叶,仿射微分几何学和射影微分几何学得到了迅速的发展。苏步青的大部分研究工作都属于这两个方向。

1. 仿射微分几何学

20 世纪 20 年代后期,苏步青已在这个领域获得了重要成果。他是日本数学家洼田忠彦的研究生,在攻读博士学位期间,他就对仿射微分几何做

〔1〕 陈建功文集.北京:科学出版社,1981:115.

〔2〕 陈建功文集.北京:科学出版社,1981:125.

出了贡献并享有国际声誉。苏步青以"仿射空间曲面论"为题,在《日本数学辑报》连续发表 12 篇论文。1931 年(民国 20 年),他在浙江大学期间又发表了多篇论文,使中国的仿射微分几何获得了重大进展。

苏步青的重要成就之一就是引进了仿射铸曲面和仿射旋转曲面。设 S 为一曲面,如果有一曲线 C,A 为 C 上任意点,从 A 作 S 的切平面,其切点的轨迹是一根平面曲线 C_A,而且,当 A 在 C 上变动时,这些平面都互相平行。那么就称 S 是仿射铸曲面。苏步青决定了所有的仿射铸曲面,并写出了它们的具体表达式,指出这些曲面上有两族具有特殊意义的曲线:"平行曲线"和"子午线"。特别是,如果 S 的仿射法线总落在子午线的密切平面中,那么 S 就称为仿射旋转曲面。这种曲面是欧氏空间旋转曲面的十分自然的推广,并具有如下一些性质:S 的仿射法线总和一条定直线相交,平行曲线必为二次曲线。苏步青还发现这种曲面的许多其他特征,如它的一族平行曲线必为达布(Darboux)曲线等。在高维空间中,苏步青也定义出这两类超曲面,并完全地决定了它们。

对于一般的曲面,苏步青发现了一个极有意义的四次(三阶)代数锥面,被称为苏锥面。在曲面的一般点 P,沿每一切线 t 方向作 Moutard 二次曲面,连接 P 和这个二次曲面的中心,得到一根直线 l,当 t 变化时,l 的轨迹构成一个四次(三阶)代数锥面 Γ_4。Γ_4 有如下一系列重要性质:它和切平面相切于两条主切曲线 t_1、t_2;相应于 3 条 Darboux 切线 d_1、d_2、d_3;有 3 根尖点线 C_1、C_2、C_3,它们所构成的三面形的 3 个面和切平面交于 d_1、d_2、d_3;在此 C_1、C_2、C_3 的切平面共线,其交线就是曲面的仿射法线 n;这 3 个切平面和曲面的切平面相交于点 P 的 3 根 Segre 切线;C_1、C_2、C_3 和 t_1、t_2、n 中的两根就可作出二次锥面,这两根直线所成的平面关于这二次锥面的极线正好是第三根直线。另外,他还证明了 Γ_4 同时还是 Lanson 平面的包络。因而,通过 Γ_4 可以弄清曲面的许多仿射不变以及射影不变的图形间的相互关系,形成一个十分引人入胜的构图。

苏步青的研究阐明了曲面的仿射理论与射影理论的关系,他提出如下的问题:求曲面,Σ_k,使它的仿射法线和某一规范直线 C_k 相重合。他详细地绘出了这个问题的解答,并得到许多富有趣味的几何性质。苏步青把他这一方面的成绩总结在了他的专著《仿射微分几何》中。

2. 射影曲线论

射影曲线论的基本问题是探索曲线在射影群下的不变性质,特别是确定它们相互等价的条件,因而需要建立附着于曲线的射影协变的活动标架,定出某种射影不变的"弧长元素"和各种"曲率"。这个理论虽经著名几何学家 Bompiani、蟹谷乘养等人多年的研究，但从几何学的观点来看，他们所用的方法比较间接，几何意义不够明显对 n 维空间的曲线讨论则更少。苏步青的贡献在于，他用富有几何意味的构图来建立一般射影曲线的基本理论，创造性地以平面代数曲线的奇点作为这种构图的出发点，在 1954 年出版的《射影曲线概论》中，他综述了这一理论。

对三维空间的曲线，在一正常点 P 作它的切线面。用过 P 的平面 π 去截这一切线面，就得到一些平面曲线。如果这平面过切线而不是密切平面，那么截口曲线以 P 为变曲点，对于这种平截线，有 Bompiani 的密切形 O_4、l_5、O_6，这里的 O_4、O_6 是依赖于四阶和六阶展开的协变点，l_5 是依赖于五阶展开的协变直线。苏步青发现，当 π 绕点 P 的切线旋转时，点 O_6 画成一根三次空间曲线 Γ_3，作 Γ_3 的以 P 为一顶点的密切四面体，就得出了 P 的基本四面体，从而重新建立了三维空间射影曲线的一般理论。

为了建立高维空间射影曲线率，他先研究平面上曲线 C：

$$y = ax^m + bx^{m+1} + \cdots (m \geqslant 3, a \neq 0)$$

它以 $O(0,0)$ 为奇点。他任取过点 O 的切线 t 外的任一点弧，和过 M 的一直线 t_1，要求做一根 m 次代数曲线 C^m，使以 M 为 $(m-1)$ 重点，并且其切线均合于 t，又要求 C^m 在点 O 和曲线 C 有 $(m+1)$ 阶密切，这样就有 $\frac{m(m+3)}{2} + 1$ 个条件。为使 C^m 存在，他证明 t 必须过 t 上一个定点 O_{m+1}，它只取决于 C 的 $(m+1)$ 阶展开，而和 M 的选取无关。为了使 C^m 和 C 在点 O 有不低子阶 $(2m-1)$ 的密切，对 C 应加一些条件，当这些条件满足时，O 称为可表示奇点。这时 M 不能任意，必须在一条直线 L_{2m-1} 上。在 L_{2m-1} 又有一点 O_{2m}，如 O_{2m} 为 M，则 C^m 和 C 在点 O 会有不低于 $2m$ 阶的密切。这是平面曲线奇点理论的一个重要的进展。用这样构作的协变形为基础，他就能以和三维空间相类似的方式，得出 n 维射影空间曲线的一般理论，并对四维空间的情形，做了更详尽的叙述。

3. 一般空间微分几何

在 19 世纪，西方出现了黎曼（Riemann）几何，它是以定义空间两点距离平方的二次微分形式为基础而建立起来的。20 世纪中叶，因受到广义相对论刺激，黎曼几何发展迅速，更一般的以曲线长度积分为基础的芬斯拉（Finsler）空间也得到重视，又陆续产生了以超曲面面积积分为基础的嘉当（Cartan）空间，以二阶微分方程组为基础的道路空间和 K-展空间等，通称一般空间。苏步青从 20 世纪 30 年代后期开始，对于一般空间的微分几何进行了探讨。

（1）对于以超曲面面积积分为基础的 Cartan 几何学，他着重研究了极值离差理论，即研究能保持叙值超曲面的无穷小变形的方程，这是黎曼几何中十分重要的雅可比（Jacobi）方程的一般推广。它具有和通常的 Laplace 方程相类似的形式：

$$\frac{1}{L}\frac{\delta}{\delta u^{\alpha}}\left(Lg^{\alpha\beta}\frac{\delta V}{\delta u^{\beta}}\right)+U_{0}^{*}V=0$$

这里 L 是面积度量，$g^{\alpha\beta}$ 是 Cartan 引入的长度度量，V 是变形在法线方向的投影，U_{0}^{*} 是一个不变量，相当于极小曲面论中的 Koschmieder 不变量，要经过相当复杂的运算才能导出。此外，苏步青还计算了 m 重面积积分的第一变分和第二变分，指出了决定联络时的一个联系方程的重要性。

（2）K- 展空间是用完全可积的偏微分方程组所定义的，由道格拉斯（J. Douglas）最早提出。苏步青研究了射影形式的可积条件，并从此推出由王宪钟、严志达分别得到的一定理。他还研究了这种空间的仿射同构、射影同构及其推广，得出了无限小同构所满足的微分方程及可积条件。在讨论这种空间的几何结构时，他论证了 Cartan"平面公理"成立和空间为射影平坦相互等价。这里平面公理的提法是：在 N 维的 K- 展空间里，在任一点和每一 L 维（$K<L<N=$ 平面素相切的 K- 展组成 L 维子流形，它包括每一个在其上任意点和它相切的 K- 展。相关结果都已写入了专著《一般空间的微分几何学》。

需要额外提到的是，1946 年（民国 35 年），当浙江大学迁回杭州时，生物学家罗宗洛邀请陈建功同去台湾大学，临行前陈建功对同事说："我们是临时去的。"第二年春天，他果然辞去台湾大学代理校长兼教务长之职，回到浙江大学，并在当时由陈省身主持的中央研究院数学研究所兼任研究员。1947 年（民国 36 年），陈建功应邀去美国普林斯顿研究所任研究员，美国优越的科研条件也没有打动他的心，一年后他又回到了浙江大学。

第五章

"东方剑桥"与民国时期浙江的科学教育

浙江的科学教育是随着近代学堂的建立而发展起来的,如 1845 年(道光二十五年)由传教士在宁波开设的崇信义塾(后迁入杭州,易名为育英书院,之江大学的前身),1897 年(光绪二十三年)创办的求是书院、养正书塾(后改名浙江省立第一中学,是杭州第四中学和杭州高级中学的前身)与蚕学馆,辛亥革命后宁波创办的效实中学,都开设了自然科学课程。

但是浙江省真正实现教学与科研相结合的现代教育模式还是在民国以后,特别是依靠于浙江大学。浙江大学作为浙江省乃至全国一流的高等学府之一,在理科、工科、农科、医学等各个领域都有扎实的研究,并经过长期积累形成了以"求是"为核心的教育和研究理念,在科研和人才培养上开创出了一条独特的道路,成为浙江省乃至中国科学技术教育的典范,被称为"东方剑桥"。

第一节 中国近代科学教育的开端与浙江大学的创立[1]

把科学和技术作为教育的内容、培养科学技术人才,在中国肇始于 20 世纪。1903 年(光绪二十九年),张百兴、荣庆、张之洞等奏定各级学校章程,1904 年(光绪三十年)1 月,清政府颁布了"癸卯学制"(即《奏定学堂章程》),废除了在中国延续了 1300 年的科举制度,建立了从小学到大学的现代教育体制,并把科学教育作为了学校教育的重要内容。

---

〔1〕 费正清,费维恺. 剑桥中华民国史(下卷). 北京:中国社会科学出版社,1993;曲铁华. 中国近现代科学教育发展嬗变及启示. 东北师范大学学报(哲学社会科学版),2000(6).

辛亥革命后,1912—1913 年(民国元年—民国 2 年),南京临时政府制定并公布了《壬子癸丑学制》。教育部于 1912 年(民国元年)公布了《大学令》,规定"大学以教授高深学术,养成硕学闳材,应国家需要为宗旨",大学教育分为文、理、法、商、医、农、工等 7 个学科。之后,中国科学社的创立、《科学》杂志的创刊更是有力地推动了科学教育理念在中国的普及。任鸿隽将"科学的教育化"和"教育的科学化"紧密结合起来,旗帜鲜明地表达了科学教育的内涵,主张科学与教育相联系,他说:"科学于教育之重要,久已确立不移矣。其在今日,科学之范围愈广,其教育之领域亦日增。""而其言教育本旨,则仍主乎智,既主乎智,其不能离科学以言教育明矣。""以见教育之事,无论自何方而言之,皆不能离科学以从事。"他还对科学方法和科学精神进行了探讨:"科学于教育上之重要,不在于物质上之知识,而在其研究事物之方法,而在其所与心能之训练。"[1]五四新文化运动高举"科学"、"民主"的旗帜,使科学教育的思想进一步深化,科学在教育中的地位也不断提高。

国民政府教育部于 1922 年(民国 11 年)颁布的壬戌学制基本奠定了 20 世纪上半叶中国科学教育的体制。1924 年(民国 13 年),教育部又公布了《国立大学条例》,重申了 1912 年(民国元年)《大学令》的内容,强调了大学的科研功能。至此,中国的大学体制基本确立下来,与大学相联系的科学教育和科学研究体系亦随之形成,还成立了专门的科研机构,如北京农商部地质调查所,它也具备培养人才的功能。

20 世纪二三十年代,在中国学术界曾出现有关科学和玄学的论争。1925 年(民国 14 年),张君劢在清华大学做了《人生观》的讲演,认为:"……人生观之特点所在,曰直觉的,曰综合的,曰自由意志的,曰单一性的。唯其有此五点,故科学无论如何发达,而人生观问题之解决,绝非科学所能为力,唯赖诸人类之自身而已。"[2]后来又宣称,人生观问题必须由玄学来解决,科学教育并不能实现人格的全面发展,相反却会带来不良后果,他提出"……教育有五方面:曰形上,曰艺术,曰意志,曰理智,曰体质。科学教育偏重于理智与体智,而忽略其他三者。""若固守科学的教育而不变,其最好之结果,则发明耳,工商致富耳;再进也,则为阶级战争,为社会革命。此皆欧洲已往之覆辙,吾何苦循之而不变乎? 国中之教育家乎! 勿以学校中加

---

〔1〕 任鸿隽.科学教育与抗战建国.科学救国之梦——任鸿隽文存.上海:上海科技教育出版社,2002:546—552.

〔2〕 张君劢.人生观.原载:清华周刊,1925(272),后收入:科学与人生观,人生观的论战,今见:科学与人生观.济南:山东人民出版社,1997:38.

了若干种自然科学之科目为已了事也。欧洲之明效大验既已如是,公等而诚有惩前毖后之思,必知所以改弦易辙矣。"[1]

以丁文江为代表的科学家对张君劢的观点进行了批驳,丁文江深信:"科学不但无所谓向外,而且是教育同修养最好的工具。因为天天求真理,时时想破除成见,不但使学科学的人有求真理的能力,而且有爱真理的诚心。无论遇见什么事,都能平心静气去分析研究,从复杂中求单简,从紊乱中求秩序;拿理论来训练他的意想,而意想力愈增;用经验来指导他的直觉,而直觉力愈活。了然于宇宙生物心理种种的关系,才能够真知道生活的乐趣。"[2]胡适从经验主义角度参加讨论,认为科学的方法不只是研究学术的方法,还是解决人生观问题的方法,并认为知识、经验、真理对人生的巨大作用,"人生观是因知识经验而变换的"[3],而知识的掌握、真理的探索,有赖于科学教育。

最终,"玄学派"与"科学派"的论争以"科学派"占上风而告终。这场争论的意义是深远的,它使科学和科学教育观念进一步深入人心,为中国的现代教育奠定了的思想基础。

国民政府成立后,1929年(民国18年)召开了第三次全国代表大会,重点讨论了教育方针问题,形成了新的教育宗旨:"中华民国之教育,根据三民主义,以充实人民生活,扶植社会生存,发展国民生计,延续民族生命为目的;务期民族独立,民权普遍,民生发展,以促进世界大同。"同时还规定了八条教育宗旨的实施方针,其中第四条规定:"大学及专门教育,必须注重实用科学,充实学科内容,养成专门智识技能,并切实陶融为国家社会服务之健全品格。"[4]

从1933年(民国22年)开始,国民政府陆续发布法令以管理必修课、选修课和大学入学考试程序等事宜,最后还规定要限制文科的招生人数,以鼓励更多的学生学习自然科学和工科。虽然到1937年(民国26年)抗日战争爆发时,大学的教学计划的调整尚未完成,但是国民政府的努力已初见成效。根据教育部的统计,1930年(民国19年)文科毕业生总数为17000人,农、工、医、理合在一起只有8000多人;但是到了1937年(民国26年),文科

〔1〕　科学与人生观.济南:山东人民出版社,1997:107—108.

〔2〕　丁文江.玄学与科学——评张君劢的《人生观》.原载:努力周刊,1923(48—49),今见:科学与人生观.济南:山东人民出版社,1997:53—54.

〔3〕　胡适.《科学与人生观》序,今见:科学与人生观.济南:山东人民出版社,1997:22.

〔4〕　吴相湘,刘绍唐.第一次中国教育年鉴(第一册·甲编).台北:传记文学出版社,1971:8,16;本文转引自:冯开文.中国民国教育史.北京:人民出版社,1996:82.

毕业生的总数为 15227 人,理工科则为 15200 人。

　　至于学士学位以上的教育,1933 年(民国 22 年),教育部颁布了关于研究院的组织和实施临时条例,以便在具有授予硕士学位能力的现有大学中建立研究院。当时有资格在教育部注册建立研究院的机构必须在以下学科内至少有三个系:文学、科学、法律、农学、教育、工程、医学或商学,各系有自己的主任,共置于研究院院长的领导之下,该职务可由该大学校长兼任。民国时期,大学的各学院及专科学校各系科课程完全由大学自己决定,没有统一的课程标准[1],那时的大学是具有很强的自主权。钱穆就曾说:"由政府来统制全国教育,并非坏事,毋宁说是政府之一种进步的表现,但私人的意见,希望政府能采取较宽的自由主义。"[2]

　　浙江大学的科学教育正是在这样的政治和社会背景下发展起来的,并且从一个地方性的大学逐渐发展成具有国际影响的教学和科研机构。

　　考察浙江大学的历史,必须先说"公车上书"(1895 年,光绪二十一年)后的第二年,浙江出现的两次重要的人事变动:一是廖寿丰(字谷士)来浙江任巡抚;二是林启(字迪臣)由衢州调任杭州知府。林启到任后,认为杭州已有的书院"只空谈义理,溺志词章",已不能适应革新与建设的需要,开办新式学堂的想法在他心中更加强烈。一次,林启受命查办杭州蒲场巷(现为大学路)内普慈寺僧人不法案件,籍没了寺产。借此机会,他和杭州一些士绅商议,呈报巡抚廖寿丰,建议利用寺屋开办新式学堂。在多方促进下,以普慈寺为院址,由林启负责筹建,定名为"求是书院"。1897 年(光绪二十三年)农历正月,办学之议,几经周折,奏报清政府获准,求是书院最终创立,并于同年 5 月 21 日开学。这就是浙江大学前身,是当时中国创办的最早的几所中西式高等学堂之一。

　　关于求是书院的办学宗旨,1897 年(光绪二十三年)廖寿丰在《奏为浙江省城专设书院兼课中西实学恭折》中已经阐明,它也是林启等人的办学主张,即"居今日而图治,以培养人才为第一义;居今日而育才,以讲求实学为第一义"。对于招收学生,求是书院也有甄别标准,在《求是书院章程》的第四款"学生"栏内,第一条便是"行谊笃实",因为"讲求实学,要必先正其志趣",然后才能"精其业"。

　　求是书院的课程分必修课和选读课两种。必修课有国文、英文、算学、历史、地理、物理、化学、体操,选读课有日文等。算学选材于《笔算数学》、

　　〔1〕　冯开文.中国民国教育史.北京:人民出版社,1996:152.

　　〔2〕　冯开文.中国民国教育史.北京:人民出版社,1996:82.

《代数备旨》、《形学备旨》、《八线备旨》，英文取材于《英文初阶》、《英文进阶》，理化教材多译自英国课本，并设有物理仪器室、化学试验室和藏书楼。书院的学制为5年，但实际上学生学习到一定程度，自认为可以告一段落了，就可以获准离校了。

求是书院对考试制度也进行了改革。在《杭州府林太守启招考求是学生示》的通告中就明确规定，考生"先试经义史论时务策"，并规定在校学生于"朔课考试化算诸学，望课考试经史策论"，即每月月初考算学、化学等"西学"，每月月中考经史策论等"中学"。用考"西学"、策论来取代因循的"词章帖括"，这是对以往考试制度的重大突破。同时，求是书院也是全国实行选送高材生出国深造的最早的学校。1898年(光绪二十四年)9月，求是书院选送了4人到日本留学，"为各省派往日本游学之首倡"。据1903年(光绪二十九年)《清国留学会馆第三次报告》统计，浙江留日学生总数达154名，人数之多，居全国各省第二位，其中不少学生就是由求是书院派出去的。

1901年(光绪二十七年)，求是书院改称浙江求是大学堂，1902年(光绪二十八年)又改称浙江大学堂，1903年(光绪二十九年)再定名为浙江高等学堂。先设预科，三年毕业。1905年(光绪三十一年)设师范完全科，学制3年；附设师范传习所，学制1年；还设有高等小学堂1所，初等小学堂10所。1908年(光绪三十四年)秋，又添设正科，分文理两科，均3年毕业。1907年(光绪三十三年)时，浙江高等学堂共有学生319人。书院的师生逐渐形成了"正其谊，不谋其利；明其道，不计其功"的求是学风，学生中不少是有志于新学的人，教师更不乏有识之士。[1]

辛亥革命后，国民政府教育部于1912年(民国元年)1月公布了《普通教育暂行办法》14条。根据规定，浙江高等学堂再次改名为浙江高等学校，后因学制改革等原因，按部令暂停招生，1914年(民国3年)最后一班学生毕业后便没有续招学生。

与此同时，浙江在1910年(宣统二年)筹建了浙江中等工业学堂，后升格为浙江公立工业专门学校；1912年(民国元年)，杭州的农业教员讲习所改组为浙江中等农业学堂，后升格为浙江公立农业专门学校。到了1927年(民国16年)7月，因实行大学区制，在杭州成立了国立第三中山大学，便改组浙江公立工业专门学校为大学工学院，改组浙江公立农业专门学校为大

---

[1] 学生中人才辈出，中国共产党创始人之一陈独秀，是书院早期学生，因参加反清活动，于1901年被当局追捕而离校。

学劳农学院,并设大学行政处,兼理全省教育行政事宜。1928 年(民国 17 年)4 月,重新合并的教学机构改称浙江大学,7 月 1 日冠以"国立"两字,称国立浙江大学,开始承担全省的教育工作。同年 8 月还成立了浙江大学文理学院。1929 年(民国 18 年),由于大学区制被取消,浙江大学又把全省的教育行政职权移交给了浙江省教育厅。

从 1927 年(民国 16 年)第三中山大学成立到 1936 年(民国 25 年)竺可桢接任校长之前的 10 年间,浙江大学经历了 4 位校长的治理。首任校长是蒋梦麟(见图 5-1),他于 1908 年(光绪三十四年)赴美国留学,1917 年(民国 6 年)获哥伦比亚大学教育博士学位,1927 年(民国 16 年)7 月任浙江大学校长。蒋梦麟是一位知名的教育家,提倡自由主义教育,坚持学术自由。他于 1923—1926 年(民国 12—

图 5-1 蒋梦麟

民国 25 年)曾任北京大学代理校长,1930(民国 19 年)离开浙江大学后便正式担任北京大学校长,主持北京大学前后达 17 年,为中国现代教育制度的确立做出了重大贡献。

图 5-2 邵裴子

浙江大学的第二任校长是邵裴子(见图 5-2),他是当年求是书院的学生,美国斯坦福大学文学学士,是中国现代著名教育家和经济学家。1928 年(民国 17 年),他出任国立浙江大学副校长,主持校务;1930 年(民国 19 年)7 月至 1931 年(民国 20 年)11 月任国立浙江大学校长。邵裴子在任期间曾挽留苏步青一事至今仍被传为佳话。

当年苏步青来到浙江大学后,发现浙江大学的条件远比他想象得差。由于学校经费紧张,他虽然名为副教授,却连续 4 个月没拿到薪金。为了养家,苏步青打算再回到日本去。风声传到邵裴子耳中,他刚刚从南京申请款项回来,马上敲开了苏步青的门,对苏步青说:"不能回去!你是我们的宝贝……"就是这句由衷之语把苏步青打算回日本的想法冲得烟消云散,苏步青回答说:"好啦,我不走了。"几天后,邵裴子亲自为苏步青安排了足够的费用,让苏步青到日本接来了家眷,从此苏步青就踏踏实实地在浙江大学开始了耕耘。

浙江大学的第三任校长是程天放(见图 5-3),是国民党中央监察委员,于 1932—1933 年(民国 21—民国 22 年)在任。

第四任校长郭任远（见图 5-4），是中国知名的行为心理学家，早年就读于上海复旦大学，后到美国伯克利加州大学攻读心理学并获博士学位。回国后曾任复旦大学教授及副校长，其间创办了心理学系，并筹建心理学院。1933 年（民国 22 年）4 月至 1936 年（民国 25 年）2 月出任浙江大学校长。虽然他在比较心理学和生理心理学上有特殊贡献，但是在任浙江大学校长期间不尽人意。他坚定地执行国民党的高压政策，任意处分学生，排斥有不同意见的同事，引起了学生的反抗，这就是所谓的"驱郭运动"。

图 5-3　程天放

"驱郭运动"爆发后，国民政府经过调停无效，终于在 1936 年（民国 25 年）4 月 7 日在行政会议上通过决议，任命竺可桢为浙江大学校长，由此开始了浙江大学新的历程。竺可桢在任 13 年，其在教育思想上承孔子、旁采蔡元培及同辈人的精华，再融以自己的见解，对浙江大学的科学教育乃至中国的高等教育都产生了深远影响。

竺可桢教育思想中最主要的两个方面是"尊重人才、教授治校"和"民主治校"。

图 5-4　郭任远

第一，尊重人才、教授治校。1936 年（民国 25 年）4 月，竺可桢在其就职讲演《大学教育之主要方针》中就指出：办好一所大学必须有充分的图书和仪器以及一定水平的校舍，尤为重要的，是要延聘一批好教授，"教授是大学的灵魂"。为此，他"竭诚尽力，豁然大公，以礼增聘国内专门的学者，以充实本校的教授"。他"三顾茅庐"恭聘国学大师马一浮，礼请前任校长邵裴子，敦聘胡刚复、王琎、卢嘉锡、罗宗洛、谈家桢、吴征铠等教授。他同样重视青年教师的培养，他说："要发展一个大学最重要的是能物色前途有望的青年。"为此，他一方面从本科毕业生中选留品学兼优者任教，另一方面大力发展研究所，培养研究生，同时选派青年教师出国深造。他用人唯贤、不徇私情，许多志同道合的学者都为竺可桢的办学思想和高尚的事业精神所感动，陆续聚集到浙江大学，支持和发展了浙江大学的教育和研究事业。

第二，民主治校。竺可桢认为民主治校是办学之道。他虽然是一校之长，但却从不独断专行，而是召开各种会议共同作出决策，博采众家之长。他成立了校务委员会和各种专门委员会为学校最高权力机构，凡重要规章制度、重大校务问题,概由校务委员会和专门委员会审议决定。而校务委员和各专门委员会主任则遴选作风正派、在学校中有威望的教授担任。在竺可桢的领导下,专家、学者处处贯彻教学民主的思想,在学术上自由研究,使得全校的学术气氛非常浓厚。

综上,在探讨民国时期浙江省的科学教育之前,我们提了许多当时中国和浙江省的一般状况,这并非题外话,而恰恰是当时浙江实施科学教育的背景和前提;而我们之所以选取浙江大学作为楷模,乃是因为从事科学教育的主体是大学,而浙江大学从民国以来已经成为浙江省科学教育的核心机构,人才辈出、成果卓著,曾在西迁贵州期间被英国科学家及科学史家李约瑟称为"东方剑桥",我们选它作为讨论民国时期浙江省科学教育的典型案例是合理的。

第二节　竺可桢出长浙江大学

1935年(民国24年),时任浙江大学校长的郭任远独断专横,擅自将中华文化基金会拨给物理系购置仪器设备的外汇挪作他用,引起了物理系全体师生的愤慨,教授纷纷辞职。在物理系师生起来反对郭任远之后,随着"一二·九"运动的爆发,12月10日,浙江大学学生也举行了声势浩大的游行,还准备组织全市学生到南京请愿,以进一步声援北京学生。12月20日晚,国民党军警包围了浙江大学,按照校长郭任远提供的名单逮捕了12名学生代表。郭任远趁机开除了组织爱国民主运动的学生会主席施尔宜(农学院学生)和副主席杨国华(工学院学生)。此举激起了浙江大学师生的愤怒,"驱郭运动"全面展开。学生会公开发表《驱郭宣言》,揭发其在浙大的十大罪状。当日下午郭任远从校长公舍后门离开,从此再没有回学校(他后来去美国从事讲学和研究,病逝于香港)。

浙江大学学生会派代表到南京向教育、立法部门陈述郭任远的罪状,要求教育部另派人续任。12月28日,教育部电告浙江大学各学院院长、系主任,成立以教务长郑晓沧为首的临时校务委员会暂时维持校务,并准备另派校长。但是蒋介石认为"此风不可长",不同意更换。1936年(民国25年)1月22日,蒋介石亲自带人到浙江大学,先召集教师训话,再召集学生代表训话,要求学生复课。蒋介石走后,国民政府行政院和教育部都针对领导罢课的学生会成员发来训令,但是浙江大学学生毫不动摇,"驱郭运动"继续进行下去。最后,国民政府行政会议通过决议免去了郭任远浙江大学校长的职务,并任命竺可桢为浙江大学校长。

竺可桢对此决定甚为谨慎,他向中央研究院院长蔡元培征求意见,蔡元培认为能不去最好,"但蒋处不能不去,婉言辞之可也。"[1]2 月 21 日,蒋介石在孔祥熙寓所约见竺可桢,竺可桢推说要与蔡先生商量才能决定。他如此推托,除了怕影响自己的研究外,还有三个顾虑:一是"不善侍候部长、委员长等,且不屑为之";二是时局不宁,战争有一触即发之势;三是即便答应下来,短时间内难见成效。但是他经不住翁文灏、陈布雷等人的反复劝说,最后才决定接受,并通过陈布雷提出了三点条件,"即:①财政须源源接济;②用人校长有全权,不受政党之干涉;③时间以半年为限。"[2]陈布雷对这些条件的答复是:大学中训育方面,党部不能不有人在;经费则国库(即中央直接)之 4.5 万元,按月拨给;同时在任期上,陈布雷力主久任。于是,竺可桢正式接受委任。

图 5-5　竺可桢

根据陈训慈的回忆[3],竺可桢提出的这三点要求,除了"时间以半年为限"外,其余还是得到了实现的。首先,在经费上,由于教育部长王世杰的努力,中央直接拨给的经费从实际每月 5.2 万元增加到了每月 6 万元,这是竺可桢接任初期在经费上的保障。抗战期间重庆政府财政混乱,加之通货贬值,教育部通常对追加经费和临时经费托辞不准、准而不发、发而减成,浙江大学也受到同样遭遇。但是,当时竺可桢的艰辛与浙江大学的成绩是文教界有目共睹的,蒋介石与陈布雷同样富于乡谊,而且当年的教育部部长陈立夫与后来的朱家骅也都是浙江人,因此对浙江大学格外"帮忙",当有特款分配或应变特用时,除了"中央大学"位居第一外,浙江大学便居第二或第三位。尽管蒋介石对这一"民主堡垒"的大学常常查问和传言防范,但是一旦涉及经费问题,陈布雷和陈立夫总能得到蒋介石的批准,这恰恰符合竺可桢在接任时提出的经费要求。其次,在人事上,即"校长有用人全权,党部不干涉"的条件,国民党政府也给予了兑现。尽管陈布雷代蒋介石表示,"全权"有一个例外,就是在训育方面"党部不能不有人参加"。但是事实上,在浙江

〔1〕 竺可桢.竺可桢日记(第一册).北京:人民出版社,1984:14.
〔2〕 竺可桢.竺可桢日记(第一册).北京:人民出版社,1984:17—18.
〔3〕 陈训慈.竺可桢出长浙大由来及其他.浙江文史集萃·教育科技卷.杭州:浙江人民出版社,1996:210—212.

大学改组之初,教师中的国民党员非常少,而且本科生采用导师制,开始时不设训导长,因此党部并没有真正派人到浙江大学。之后,当大学普遍规定训导长必须由国民党党员教授担任时,竺可桢也依照教育法令做到了,无论是教授还是非教授,只要是国民党党员(如郭斌和、张其昀),凡是校长上报的都同意。1945年(民国34年),因无人肯兼任此职,竺可桢就请民主教授费巩担任。

1936年(民国25年)4月25日,竺可桢正式接任了浙江大学校长职位。在完成交接手续之后,他先与教职员工座谈,然后到体育馆与学生见面,并发表就职演讲《大学教育之主要方针》,表达了他的办学理念:办好一所大学必须有充分的图书和仪器以及一定水平的校舍,尤为重要的是要延聘一批好教授,"教授是大学的灵魂"。为此,必须"竭诚尽力,豁然大公,以礼增聘国内专门的学者,以充实本校的教授"[1]。

早在20世纪20年代,中国大学对教授的资格就提出了三个标准:一要品德高尚;二必须是学识渊博的欧美留学生;三在社会上要有公认的威望和相当的活动能力。但竺可桢没有门户之见,他不问留欧留美还是旅日,不问南北,只要有真才实学且处事公正者都一视同仁。浙江大学原来的知名教授,如生物学家贝时璋,数学家陈建功、苏步青,化工专家李寿恒,化学家周厚复,数学史专家钱宝琮等都一一回访,聘任原职;对因不满前任校长而离职的,如昆虫学家蔡邦华,物理学家张绍忠、何增禄、束星北等人也一一请回,还聘请了物理学家胡刚复、王淦昌,细胞学家谈家桢,分析化学家王琎;在浙江大学西迁时还聘请了历史地理学家谭其骧,地理学家叶良辅、任美锷,原子物理学家卢鹤绂,电工专家王国松,生理学家罗宗洛;以及蔡堡、卢守耕、王季午、钱基博、夏承焘、陈训慈、费巩等。他用人唯贤,不徇私情,当时年仅28岁的谈家桢、26岁的吴征铠,也都被聘为教授。

正是由于竺可桢处处以身作则、包容万象,才为浙江大学积聚了那么多有才、有学、有德的知识分子。在1948年(民国37年)评出的第一届中央研究院院士中,浙江大学教授有4人,仅次于北京大学和清华大学。

生物学家谈家桢曾一再强调,近代高等教育史上办大学而成功的校长只有蔡元培和竺可桢两个人,"他们两人都具有许多优点,都是胸襟开阔,气度宏伟,都能打破各种思想和学术派系的束缚而广罗人才,充分发挥各种学术思想和发展各个学术领域"[2]。

---

〔1〕 竺可桢校训词.国立浙江大学校刊.1936(248).
〔2〕 谈家桢.竺可桢先生二三事.文汇报,1990-3-1.

第三节　浙江大学西迁

　　1937 年（民国 26 年）7 月 7 日，日本侵华战争全面爆发，战火很快烧到了浙江。11 月，竺可桢率领全校师生员工及部分家属，携带大批图书资料和仪器设备，开始西迁。初迁西天目、建德；继迁江西吉安、泰和；三迁广西宜山；几经周折，行程 2600 余公里，于 1940 年（民国 29 年）1 月到达贵州，在遵义、湄潭和永兴等地坚持办学 7 年，直到抗战胜利后，才于 1946 年 9 月复员回到杭州。

图 5-6　浙江大学湄潭校址陈列馆[1]

　　在贵州期间，湄潭成为浙江大学新的教学和科研中心。这其中的一个重要保障是在西迁途中，在胡刚复[2]等人的组织下，浙江大学的 2000 多箱图书几乎没有损失，帮助杭州文澜阁搬迁的《四库全书》毫发无损，这些资料成为浙江大学师生和当地大专院校从事科学技术研究的基础资源。竺可桢还拿出宝贵的外汇坚持订阅国外学术杂志，或托人在上海或外国直接购买资料，密切关注国际最新的科研信息。1941 年（民国 30 年），王淦昌设想用观察原子 K 俘获过程中的核反冲方法来验证中微子存在的实验方案，就得

---

　　〔1〕来源：遵义地方志网页，http://fzb.zunyi.gov.cn.

　　〔2〕胡刚复（1892—1966），物理学家、教育家，中国物理学事业的奠基人之一。将 X 射线标识谱、吸收谱和原子序数之间的实验规律扩展到 25 号至 34 号元素，并测定了 X 射线频率和光电子速度的关系，对 X 射线学的发展做出了重要的贡献。抗战期间，他作为浙江大学理学院院长，协助竺可桢西迁，并将浙江大学理学院办成了当时最好的学院之一。

益于这些资料。蒋硕民曾对竺可桢说:"浙大物理设备、数学图书甚佳,国内无出右者。"在实验设备方面,据王启东[1]回忆,当时的实验设备是"按美国大学教学计划购置的,美国大学生需做的实验,浙大基本都可以做"。他在留学美国时发现,那时浙江大学的实验设备竟然比爱荷华大学的还要新。还有一个鲜为人知的秘密是:当时浙江大学拥有——据说是亚洲仅有的——1克镭,王淦昌在西迁的漫漫长途中,即使是步行也一直随身携带。此外,这期间浙江大学始终没有中断同国际学术界及留学生的交流。这些条件吸引了许多学者投奔浙江大学,例如在 1942 年(民国 31 年),浙江大学从国外购得一批珍贵的化学仪器和药品,而当时同济大学的设备已经损失殆尽,迫使其理学院院长王葆仁不得不离开同济,应聘到浙江大学担任化学系系主任并取得了丰硕成果。1936—1946 年(民国 25—民国 35 年),浙江大学出版了《国立浙江大学季刊》等近 30 种学术刊物,其中从 1941 至 1945年(民国 30—民国 34 年)出版了 63 期的《思想与时代》,是当时中国学术界的权威杂志。

湄潭经常召开学术会议。生物系曾举行"贝时璋任教 12 年纪念并学术讲演"、"徐霞客逝世三百周年学术讨论会"、"伽利略逝世三百周年报告会"和"达尔文进化论与遗传学术讨论"等会议。1942—1945 年(民国 31—民国 34 年),中国物理学会年会曾4 次在湄潭召开。1944 年(民国 33 年),中国科学社在此召开年会,许多校内外学者前来参加,李约瑟(见图 5-7)[2]也列席了会议,他还在浙江大学参观、考察了 7 天,看到了数学、生物、物理、农化、史地等系和他们的研究组(所)的工作。惊诧之下,李约瑟

图 5-7　李约瑟

称赞浙江大学是"东方剑桥",并亲自向《自然杂志》、《哲学杂志》等国际权威杂志推荐发表浙江大学教授的论文,在西方引起关注。从那以后,英国牛津、剑桥等世界著名大学都正式同意浙江大学毕业生中的优秀者可以免试进入自己的研究生院攻读学位。

李约瑟回国后,在 1945 年 10 月 27 日出版的《自然》周刊上发表了《贵

---

〔1〕　王启东,浙江黄岩人,机械工程学、金属材料学专家,1943 年毕业于浙江大学机械系。

〔2〕　1942 年秋,李约瑟受英国皇家学会委托,前来中国援助战时科学与教育机构,在陪都重庆建立中英科学合作馆,结识了大批中国科学家及学者。在华 4 年,他广泛考察和研究了中国历代的文化遗迹与典籍,为他日后撰写《中国科学技术史》做了准备。

州和广西的科学》,他在文中这样写道:"在重庆和贵阳之间叫遵义的小城里,可以找到浙江大学;那是中国最好的四所学校之一……""校舍大部分是借用年久失修的庙宇;又因为遵义空屋不够容纳全部,所以理学院和农学院设在遵义之东约75公里的一个秀丽的县城——湄潭。在湄潭可以看到科学活动一片繁忙紧张的情景。""生物系正在进行着腔肠动物生殖作用的诱导现象和昆虫的内分泌素等研究……在物理方面,因为限于仪器,工作侧重于理论的研究,如原子核物理学、几何光学等,水平显然是很高的。这里还有一个杰出的数学研究所。""具有广大实验场地的农科研究所,也正在进行着很多工作……"

正是这样的学术氛围创造了浙江大学科学研究的累累硕果,并且很多领域处于全国乃至世界的前沿,如理学院有苏步青的微分几何、陈建功的三角级数、王淦昌的中微子研究、束星北的相对论、卢鹤绂与王漠显的量子力学、贝时璋的细胞重建研究、谈家桢的遗传学研究,钱宝琮、何增录、朱福炘、罗宗洛、张肇骞、王琎、王葆仁、张其楷等也都在各自的研究领域处于领先地位;工学院有王国松的电工学、李寿恒的中国煤的研究、钱令希的悬索桥理论和余能定理的应用、钱钟韩的工业自动化研究、苏元复的萃取理论和工艺的改进、侯毓汾的活性染料研究等,都达到了很高水平,在国际上享有盛誉。谈家桢曾回忆说:"就我来说,回顾自己的一生中,最有作为的就是在湄潭工作时期。我的学术上最重要的成就就是在湄潭县'唐家祠堂'那所土房子里完成的。现在回想起来,应该好好感谢竺可桢先生,因为他为我们创造了这种美好的研究环境。有时,我和著名教授苏步青、王淦昌等欢聚的时候,回忆那时情景,大家兴奋地说:'在湄潭是我们最难忘的时刻啊!'不禁洒下了欢欣的热泪。"[1]

浙江大学在遵义和湄潭办学7年,在科学教育上也取得了丰硕成果。西迁之前,浙江大学是一所只有3个学院16个系的地方性大学,时至抗战胜利后1946年(民国35年)回迁杭州时,浙江大学已发展成为6个学院27个系的中国著名大学,不少专业在全国享有盛名,尤以文、理见长,并创建了数学、生物、化学、农经、史地5个研究所,教授也从70余名增加到201名,学生则从600多名发展到2100多名。这些学生之中在日后当选为中国科学院院士和工程院院士的就有谷超豪、胡济民、程开甲、程民德、陈耀祖、施履吉、施教耐、毛汉礼、叶笃正、陈述彭、施雅风、谢义炳、谢学锦、郭可信、徐

〔1〕谈家桢.有巨大凝聚力的大学校长竺可桢.中华文史资料文库(第17卷).北京:中国文史资料出版社,1996:293.

僖、张直中、戴信立等 17 人。据不完全统计,在当选为两院院士的浙江大学校友中,有 50 位曾在遵义、湄潭工作和学习过。李政道在回忆湄潭时期的学习经历时曾提到,正是因为王淦昌、束星北两位老师的启蒙才使他走上了物理学研究的道路。

第四节　"求是"精神、"通才教育"与"教学科研相结合"

蔡元培先生在《北京大学月刊》发刊词(1918 年,民国 7 年)中就称:"所谓大学者,非仅为多数学生按时授课,造成一毕业生之资格而已也,实以是为共同研究学术之机关。"竺可桢出任浙江大学校长后,十分赞赏浙江大学所特有的、自求是书院传承下来的朴实严谨的学风,并把它概括为"诚"、"勤"二字,1936 年(民国 25 年)4 月在他的就职演说中,郑重地向学子发问:

诸位在校,有两个问题应该自己问问,第一,到浙大来干什么?

第二,将来毕业后要做什么样的人?

竺可桢要求学生"致力学问"、"以身许国",强调"大学所施的教育,本来不是供给传授现成的知识,而重在开辟基本的途径,提示获得知识的方法,并且培养学生研究批判和反省的精神",这是竺可桢对"求是"精神的最初阐释。

1938 年(民国 27 年)11 月 19 日,浙江大学西迁至广西宜山,竺可桢主持召开校务会议,决定立"求是"为校训。这是浙江大学发展史上的一件大事,自此"求是"成为浙江大学师生共同追求和遵循的治学准则和做人规范。

1939 年(民国 28 年)2 月,竺可桢对新生作题为"求是精神与牺牲精神"的演讲时又对"求是"精神作了阐发:"浙大从求是书院时代起到现在可说已经有了四十三年的历史。到如今'求是'已定为我们的校训。何谓求是?英文 Faith of Truth。美国最老的大学哈佛大学的校训,亦意为求是,可谓不约而同。所谓求是,不仅限为埋头读书或是实验室做实验。求是的路径,中庸说得最好,就是'博学之、审问之、慎思之、明辨之、笃行之'。单是博学审问还不够,必须深思熟虑,自出心裁,独著只眼,来研辨是非得失。既能把是非得失了然于心,然后尽吾力以行之,诸葛武侯所谓'鞠躬尽瘁,死而后已',成败利钝,非所逆睹。"1941 年(民国 30 年),他在《科学之方法与精神》一文中更加明确地把科学的目标定为"探求真理",把"求是精神"归结为科学研究的方法:

(1)不盲从,不附和,以理智为依归。如遇横逆之境遇,但不屈不挠,不畏强御,只问是非,不计利害。

(2)虚怀若谷,不武断,不蛮横。

(3)专心一致,实事求是,不作无病之呻吟,严谨整饬毫不苟且。[1]

可见,这种"求是"精神已经不仅仅是科学教育和学习上的理念,也是从事科学研究的原则。竺可桢把中国古代教育思想的精华同近现代西方的科学精神紧密结合在一起,对指导浙江大学的教育与科研起到了积极的作用。竺可桢不愧为继蔡元培之后中国高等教育的大家。

浙江大学作为现代科学和技术的教育机构,在科学教育中涌现了诸多教育家及教育、教学思想,归结起来,主要包括以下四个方面。

第一,重视基础教育。

这在物理学家张绍忠那里体现得最为明显。张绍忠十分重视基础课的教学,他亲自讲授一年级普通物理课,在教学中态度认真严肃,每次讲课,讲桌上的演示仪器必定按照使用次序放得整整齐齐,连接电路的导线不准交叉杂乱,过长的导线都绕成螺旋形,使长短合适,便于学生一目了然。同时,对学生的基本训练也有严格的要求,凡是指定的习题作业、实验报告,都要求演算准确,文字通顺,做到规范化,否则就要退回重做。

浙江大学数学系也是一个例子,在基础教育方面非常严格。每门课都配有助教,助教不但要随班听课,详细批改作业,每周还要上辅导课。当时上课的教室三面墙壁都是黑板,助教点名让一批学生去做习题,第二天上课时交。同时助教把第一天的习题批改好,发给每位学生。学生每天除了上课外,便忙于做习题,连星期天都很少休息。

第二,强调通才教育。

这方面的代表是地理学家张其昀。1943年(民国32年),张其昀对美国作了考察,特别赞赏美国的通才教育。他说:"教育必须兼顾通才与专才两方面,保持平衡,不使偏枯。专才教育之目的为分工,通才教育之目的为统一,统一与分工,为自由社会所不容偏废者。顾两者之关系非为并行之双轨,而为同根之树木。通才教育为其根干,专才教育乃其枝叶。其根干愈强固者,则其枝叶亦愈繁茂。学河之道亦然,通与专,就业与做人,两者必须兼备于一身。通才教育可分为三部分,即人文学社会科学与自然科学,是皆人类之精神遗产。语其功用,一为了解自己,一为了解他人,一为了解宇宙。合知己知人与知天,而成为心之训练,其目的在于养成学生思考力表达力判

---

[1] 原文刊载于《思想与时代》,1941年第1期。本文转引自:竺可桢文集.北京:科学出版社,1979:231.

断力及辨别各种价值之能力,有通才教育以训练人心,复有专才教育经训练耳目手足,如是方可期为健全之社会健全之公民。"[1]这一思想,体现了现代教育以追求人的全面发展为宗旨的内涵。

倡导通才教育的另一个代表是化学家及化学史家丁绪贤,他特别重视化学史的教学与研究。1925年(民国14年),他出版了《化学史通考》一书作为化学专业学生学习化学史的依据,在他影响下,国内一些高等院校也开设了这一课程。

第三,教学与科研相结合。

教学与科学相结合的现代教学模式肇始于19世纪的德国。哲学家费希特针对当时德国大学办学中的弊端,即只注重记诵的教学方法以及主要为宗教神学、亚里士多德形而上学为教学内容,提出了举办大学的两条原则:"学术自由"和"教学与科研相结合"。这些思想得到了当时德国的教育大臣(国家文化和教育司司长)威廉·冯·洪堡的支持。1810年(嘉庆十五年),洪堡按照费希特两条原则创办了柏林大学,被认为是科学研究成为高等学校的主要社会职能之一的标志。

柏林大学要求教学与科研相结合,主张教学是产生于科研的教学,教师开展科学研究不仅有利于形成教学内容,即解决向学生教什么的问题,而且有利于使学生得到科研的锻炼。因此教学和科研同为大学教授的主要职责。洪堡在柏林大学还提倡学生应以大学教授为导师,协助教授进行科研,然后在研究过程中受到教育并培养自己在学术上的爱好。由此,学习和科研同为学生的主要任务,教学与科研有机地结合在一起。由于教学与科研相结合原则的普遍实施、实验室教学方法的大量采用,柏林大学在19世纪以后便一直保持很高的办学水平。1810年(嘉庆十五年)后,欧美许多国家都不同程度地参照柏林大学的模式对高等教育进行了改革。

民国时期,随着杜威[2]来华,中国开始模仿美国的教育体制。而美国的高等教育博采英国的"博雅教育"(generaleducation or liberal education)和德国的"教学与科研相结合"之长,到美国的中国留学生在回国以后一般也采取美国的教育模式。

当时浙江大学物理系的学术气氛非常浓厚,几乎从一开始就在高年级开设文献报告会,每周一次,由四年级学生和教师轮流作报告,并进行讨论,

---

〔1〕 张其昀.旅美见闻录(第2版).上海:商务印书馆,1947:33.

〔2〕 约翰·杜威(John Dewey,1859—1952),美国哲学家和教育家,与皮尔士、詹姆士一起被认为是美国实用主义哲学的重要代表人物。

使高年级同学和教师能及时掌握物理学前沿的动态。张绍忠还请教授们为学生开设一系列选修课,以达到开阔视野、提高研究能力的目的。张绍忠本人也开设了物理讨论课。在西迁期间,浙江大学物理系不但坚持上课、做实验,而且坚持科学研究,举办了多次中国物理学会年会的贵州区分会场活动,每次年会都有一二十篇学术论文报告,显示出当时浓厚的学术气氛和丰硕成果。1943年(民国32年)的年会即由张绍忠主持。

在数学教育中,陈建功和苏步青也坚信教学与科研相结合是培养优秀人才的有效途径。他们在浙江大学数学系组织了微分几何和函数论两个讨论班,培养了众多数学人才。苏步青在谈到用讨论班的形式育人的优点时,总结了三点体会:其一,培养学生严谨的学风。他们必须仔细阅读书籍和最新文献,在阅读中如发现问题,要推敲到底。其二,养成思考的习惯。报告人在阐述自己的学习心得时,必须突出"独到之处",这就要求报告人进行深入思考和研究,同时大家一起讨论,充分开动脑筋、明辨是非,不同程度地提高大家分析问题和解决问题的能力。其三,教师在讨论班上可以针对每个报告人的具体情况进行个别指导,经过讨论和答辩,他们写出的论文就能达到较高水平。讨论会报告通不过者不得毕业,这对青年学生也造成了一定压力,敦促了他们的学习。[1] 这种讨论会的形式,在不断完善中坚持下来,并在以后的复旦大学得到延续。

第四,理论联系实际。

这一原则的代表是化学教育家李寿恒。1947年(民国36年),李寿恒在总结浙江大学化学工程系建系20周年的经验时,发表了《化工教育标准与本系课程》一文,他对照了美国化学工程师学会化工教育委员会主席纽曼(A. B. Newman)提出的美国大学化工教育的标准与浙江大学化工系在课程设置等方面的异同,认为既要学外国的先进科学技术,又不能唯外国是好,要根据中国自己的国情。例如20世纪20—30年代美国化学工程毕业生绝大部分进入石油工业,但中国当时化工厂少、规模小,而食品、轻工、冶金、兵工等有一定发展,燃料动力基本资源来自煤炭,所以化学工程的重点和设课应有中国的特点。美国化学工程师学会化工教育委员会认为应注重物理冶金,而不宜偏重化学冶金,浙江大学化工系则两者并重,且以冶金为化学工程重点之一,所以20世纪30年代培养的毕业生中从事冶金的著名人士较多,如邵象华、姚玉林、孙观汉、刘馥英、张禄经、邹元曦等。对于国防工业、基本化学工业、油脂、燃料工业等也作为化学工程的研究对象适当安排。

---

〔1〕 苏步青.略论述学人才的培养.大自然探索,1988(2).

随着时代和社会需求的变化,化学工程的重点也相应地变化,如在遵义时期,浙江大学化学工程系立足于贵州和大后方的化学工业和兵工生产,开展教学、研究和设计。抗战胜利回到杭州后,化工系面临着恢复重建和扩大的任务,李寿恒与上海、南京、重庆、贵州、浙江各地工矿企业建立了良好的关系,工厂接纳学生实习,学校接受厂矿委托试验研究项目,化工系每年向工厂输送毕业生等。

正是在理论与实践紧密结合的原则下,李寿恒创办和发展了浙江大学化学工程这样一个具有中国特色的新学科。侯德榜的侄儿侯虞钧当时去遵义浙江大学化工系就读,后来成为有名的"马丁—侯状态方程"的创建者和中国科学院院士。1948年(民国37年),侯德榜的儿子侯虞钦又就读浙江大学化工系。这说明了侯德榜对浙江大学化工系和李寿恒的信任和支持。

总之,民国时期的浙江大学在竺可桢的带领和"求是"精神的感召下,在教学和科研两个方面都取得了重大成就,并以科研为先导,促进了中国现代科学教育事业的发展,为中国的科学技术人才的培养树立了榜样。直到今天,浙江大学的办学理念依然有延续和体现民国传统的方面,继续为当代中国的教育事业和人才培养做出应有的贡献。

第五节 民国时期浙江的中医教育

除了大学教育外,民国时期浙江的中医教育也颇有特色。前述章节已经涉及近代以来中西医的争论,作为中国医学瑰宝的中医,在民国时期确实处于生死存亡的关头。1912年(民国元年)7月,北洋政府主持制定《壬子癸丑学制》,把大学共分为文、理、法、商、工、农、医7类,医学类又分为医学和药学两门,医学科目共有解剖学等51科,药学分为有机化学、无机化学等52科,两者都没有把中医药学列入其中,这就是所谓的"漏列中医案",对中医教育构成了威胁。

"漏列中医案"的消息一经传出,各地舆论鼎沸,反响强烈。以时任上海神州医药总会会长的余伯陶为首,联合19省市中医药界同仁组成"医药救亡请愿团",公推叶晋叔等人为代表,携带《神州医药总会请愿书》于1913年(民国2年)11月23日赴京请愿,要求把中医列入医学教育系统。请愿期间,全国各地对政府的医学规程提出质疑,对教育部弃中扬西并不准中医学校申请立案表示愤慨。

北洋政府教育部在社会舆论的压力下,于1914年(民国3年)1月8日复函余伯陶等请愿书,该批示承认中国医药自黄帝、神农以来,历代都有许多名医,治疗过许多重症,且活人无数。1月16日,国务院正式下达复文,基本上同意了全国医药救亡团的请愿要求,虽然对中医学校课程暂缓议定,但原则上允许民间中医学校可先行筹备建设,这是"医药救亡请愿团"以失败告终的结局中能够得到的仅有的正面结果。此后,1915年(民国4年),上海丁甘仁准备设立上海中医药专门学校,呈文内务部申请立案,不久获准,该校在尚未创办、课程尚未拟定的情况下就得到教育部嘉许,内务部备案,成为此后办中医教育者援以立案的先例。1916年(民国5年),上海神州医药学会推举包识生进京为创办中医学校立案,同样得到教育部批示。1917年(民国6年),广东名士卢乃撞北上京城,递交广东中医药专门学校立案申请书,也获照准。京沪两地申请办学立案成功,进一步鼓舞了各地中医药同仁,也标志着历史上首次中医药救亡运动取得了初步胜利。[1]

民国时期,浙江现代中医药教育就是在这样的背景下起步的,并且取得了实质性的成果。

根据林乾良的研究,浙江的中医教育事业可以追溯到清末,1885年(光绪十一年),陈志三(名虬)[2]在温州创办了近代最早的中医学校——利济医学堂[3],是浙江(也许是全国)最早的中医教育机构。在《利济学堂报》中曾经记载办学的一些情况:如入学标准是"聪颖子弟年在十四岁以上情愿入院学医者",学习期限为5年;所学以医为主,兼学其他利民济世的学问。1908年(光绪三十四年)6月,绍兴名医何廉臣与医界同仁一起组建绍兴医药研究社,创办《绍兴医药学报》。《利济学堂报》和《绍兴医药学报》是我国最早的中医药学术刊物之一。

民国以后,浙江的中医教育的规模明显扩大,就在"漏列中医案"后,1917年(民国6年)浙江中医专门学校建立,1919年(民国8年)兰溪中医专门学校建立,这是民国时期浙江省最有影响的两所中医学校。

浙江中医专门学校1916年(民国5年)由杭州中药行业发起筹建,1917

〔1〕 郝先中.民国时期争取中医教育合法化运动始末.中华医史杂志.2005(4):220—221;海天等.中医劫:百年中医存废之争.北京:中国友谊出版社,2008:110—111.

〔2〕 陈虬(1851—1903),原名国珍,字志三,别字蜇声,晚号蜇庐,清代浙江瑞安人。中日甲午战争后,以公车入京,与康有为、梁启超等交往。1898年参加康有为发起的保国会等变法活动,后在温州业医,设学堂、办报馆等。著有《报国录》、《治平通议》。

〔3〕 林乾良.解放前浙江的中医教育.浙江文史集萃·教育科技卷.杭州:浙江人民出版社,1996:23—24.

年(民国6年)正式招收学生,近代著名中医学家傅嬾园[1]首任校长兼医务主任。该校原名私立浙江中医学校,1920年(民国9年)更名为浙江中医专门学校,1922年(民国11年)又改为药业私立浙江中医专门学校,简称浙江中医专门学校。校址原在吉祥胡同,后来迁至四条巷,后又在柴木巷。

浙江中医专门学校到1937年(民国26年)停办,前后办学21年,共招生20班,毕业学生425人[2]。学生的来源以杭州为主,附近各县的人数也不少。从第4期起,开始有省外学生报名,以后逐渐增多,省外学生来自天津、安徽、江苏、广东及台湾等地。在21年的办学中,浙江中医专门学校造就了许多高质量的中医人才,如陈道隆[3]、包超然[4]、许勉斋[5]、陈杏生、毛达文、李汝鹏、高德明等,其中高德明曾被民国政府聘为卫生部中央委员会委员、重庆中医院副院长、《新中华医药杂志》主编。

浙江中医专门学校的经费来源有两种,杭州市药材行业提捐(每元营业额抽五厘)与学生的学费。学校规定入学资格为初中毕业生(已学中医者可以同等学力参加考试),学习期限为5年,学制5年,分预科(2年)和本科(3年)。后来由于上海等地的中医学校都只4年,于是本科减少1年。傅嬾园任该校校长期间亲自授课,编撰讲义有《众难学讲义》、《嬾园医案》、《嬾园医话录》。继任校长为范耀雯,专职教师有陈道隆、杨则民、何公旦、邢诵华、许勉斋等著名医家。

该校课程设置与教学内容注重与现代科学(包括西医的课程,主要是解剖、外科)的结合,除中医基础理论与临症各科外,还开有解剖、生理、医学通论等西医课和国文、伦理、理化及体育等课。例如,预科学习的内容

---

〔1〕 傅嬾园(1861—1931),名崇黻,浙江绍兴人,官至教谕,后弃儒从医,精内妇儿科。

〔2〕 其末届因抗日战争的缘故未曾毕业,所以实际毕业的人数为419人。

〔3〕 陈道隆(1903—1973),浙江杭州人。14岁时,正值浙江中医专门学校招收新生,规定18岁以上才可报考,他虚报4岁应试入学。学习5年后,因成绩名列榜首,按规定被任命为该校附属医院院长。杭州流行疫病时,陈道隆采用自拟处方为病人诊治,治愈者甚多,医名大噪。1937年迁上海八仙桥行医,每天接待100多位病人。新中国成立后历任广慈医院(今瑞金医院)、华东医院中医特约顾问。著作有《陈道隆医案》(未正式出版)、《内科临证录》(逝世后其学生们整理而成)。

〔4〕 包超然(1901—1957),原名钦炼,又名一仁,浙江三门人,药业私立浙江中医专门学校、黄埔军校第2期政治科毕业。1934年10月任驻鄂特派绥靖主任公署参谋处第3科科长,1937年9月任陆军步兵上校,1939年1月任军法执行总监部督察官,1947年9月任武汉行辕高级参谋,1948年4月任武汉行辕沅陵指挥所参谋处处长,9月任第17绥靖区人事处长,1949年3月任华中剿匪总部高参,同年秋向解放军投诚。后在杭州、三门等地行医。

〔5〕 许勉斋(1900—1982),字勤勋,浙江余姚人,毕业于浙江中医专门学校,后曾执教于浙江医学院,著有《勉斋医话》(一作《勉斋话医》)、《病理学》抄本、《景岳新方摘要歌诀》、《金匮方诀类编》等。

有:国文、伦理、医纲(纲要性的介绍,有时称为易学通论)、国技(即国术、体育课)、博物(物理、化学)、内经、药物、方剂、诊察、解剖等;本科的学习内容有:伤寒、杂病、温热、运气、外科、妇科、儿科、喉科、眼科、针灸、推拿、名医学说等。

该校在中西医结合上非常引人注目,即使讲中医课程也要联系西医的内容,如该校《内科学》讲义,主要按解剖系统分类,举《呼吸器病》为例,共叙述咳嗽、痰饮、哮喘、呃逆、肺痈、肺结核几个病种,其中肺结核则是西医病名为纲,再以咳嗽一章论之,分生理作用、病理作用与原因、限度与音调、诊断与鉴别、分类、疗法等6节,中西医内容都有。

该校执行严格的考试制度,每学期、学年均有考试,且分甲、乙、丙、丁四等登记。毕业时还要举行严格的毕业考,分理论(主要写学术论文)与实习(测验临诊实际工作能力)两个方面。后者还分成"处方实习"与"临床见习"两个步骤:先由教师提出病案,学生处方,只有合格方能进入临床见习,即直接面对患者处方。

另外,为了理论联系实际,浙江中医专门学校附设有送诊局(也叫施诊局,因不收诊费而得名)以供学生实习。实习的学生上午参加临诊,下午上课。实习的方法也不断改进。原来的实习不论高低班都是以跟师抄方为主,只有个别病人在老师进行"四诊"后用提问的方式让学生处方。后来对毕业班学生则逐渐过渡到让学生独立应诊。虽然浙江中医专门学校除了在校门口设有送诊局外,还可利用望仙桥药业公会及同善堂等慈善组织的施诊所进行实习;但是同时实习的年级有两三个,实习场地仍嫌不够,于是陈道隆等教师创用"处方实习"的办法,对学生的辨证论治、理、法、方、药进行基本技能的训练,即由教师提出各类型病例,让学生进行分析,并提出具体药方。实践证明,这在学生独立应诊前是个有效的训练方法。为了学术交流,浙江中医专门学校还创办了《浙江中国医药月报》,前后出了20余期。[1]

与浙江中医专门学校齐名的兰溪中医专门学校创建于1919年(民国8年),于1937年(民国26年)抗日战争爆发停办,前后共19年,一共毕业8期159名毕业生,加上预科毕业及正、预科的肄业生,共计学生556人。

兰溪中医专门学校的校址在兰溪城北严氏花园内,开始是公立形式,后

---

〔1〕 林乾良.解放前浙江的中医教育.浙江文史集萃·教育科技卷.杭州:浙江人民出版社,1996:26—28.

来由于县里没有这笔固定的经费,改由兰溪县药业公会私立,经费由药材经营货款中抽一定数量(大约是 1 元抽 5 厘)来充当。由诸葛超任校长,1920年(民国 9 年)聘请张山雷任教务主任。张山雷是我国中医教学事业的开拓者,早在 1914 年(民国 3 年),他就在嘉定帮助他的老师朱阆仙创办了中国医药学校,由于朱阆仙去世,这个学校宣告结束。张山雷受聘兰溪中医专门学校教务主任后,在任 15 年,编写教材、亲自执教,使兰溪中医专门学校成为当时中国影响最大的中医教育机构之一。原来的生源主要以本县为主,以后逐渐有外地的学生前来求学,除浙江省 20 个县以外,还有来自江西的玉山、广丰,安徽的休宁以及上海等地的学生。

根据林乾良的总结,兰溪中医专门学校的教学理念表现为由浅入深、循序渐进、重抓基础、广征兼容、重视实践以及同样具有中西医结合的思想。在中西医结合方面,生理学、病理学虽然内容都是中医理论,却已经冠之以西医的名称,而且单独开设了一些西医课程,如《全体新论疏证》就是以英国医生著的《合信氏全体新论》为蓝本而作中西医结合讲解的。[1]

除了浙江中医专门学校和兰溪中医专门学校外,浙江其他地区也兴办了一些中医教育机构。

在温州地区,潘澄濂、郑叔伦、金慎之[2]、吴国栋等筹办的温州国医学校(1934 年,民国 23 年),到 1937 年(民国 26 年)停办共招收了 4 期学生(每期二三十人),学制 4 年,课程以中医经典著作为主,开始注意到中西医结合,设有解剖、生理课等。1928 年(民国 17 年),池仲霖[3]在温州中山公园县学前创办温州国学社,分国医住学和走读两班,各 20 人,学限一般为 3年,课本采用《伤寒来苏集》《伤寒贯珠集》《世补斋医书》《温病条辨》等。前后办了 10 多年,直到池仲霖去世才停办。

在宁波地区,近代名医范文虎[4]曾于 1923 年(民国 12 年)在宁波组织了中医研究会,自任会长,并于会址创办了一个中医学习班,学生多的时候

〔1〕 林乾良.近代浙江的中医教育.中华医史杂志,1983,13(4):225—226;林乾良.解放前浙江的中医教育.浙江文史集萃·教育科技卷.杭州:浙江人民出版社,1996:29—31;朱德明.浙江医药史.北京:人民军医出版社,1999:256.

〔2〕 金慎之(1887—1975),原名志康,字任之,曾在利济医院学堂深造,擅长内科。因性格怪僻、为人不拘小节,时人称为"金癫",此称呼闻名于浙南各地。

〔3〕 池仲霖(1871—1947),字源瀚,又名虬,晚号苏翁,曾为清孝廉,福建崇安、松溪等县知事,晚年退身仕途,以医为业。

〔4〕 范文虎(1870—1936),原名赓治,字文甫,后改名文虎,浙江鄞县人。20 岁为县学附贡生,因直言无讳,被取消附贡生资格,遂绝仕进,移志医学。

一批有 10 人,总人数有 50 多人,如吴涵秋[1]、范禾安、李庆坪、王海槎等,都是范氏中医班的学生,除了讲授经典著作《内经》、《伤寒论》、《金匮要略》外,还讲授《医宗必读》、《兰室秘藏》、《辨证奇闻》、《温热经纬》等,注重中西医的结合。后来,范文虎的高足吴涵秋在 1936 年(民国 25 年)创办了"宁波中医专门学校",由于经费由药材行业提捐,而宁波的药业又是东南地区有名的,因此首批学员就招了五六十人。主要教员有王宇高、蒋云露等,学习的内容和方法与范文虎所授接近,也注重中西医的结合。该校只办了 1 年,就因抗日战争而停办了。

湖州的中医教育前后办过两次,核心人物是宋鞠舫[2]。第一次是在 1936 年(民国 25 年),吴兴县国医会为了帮助各位中医所传子女和徒弟能通过吴兴县国医鉴定会的开业考试,集中办了一个补习班。所学科目包括:《古文观止》、《内经知要》、《灵素类纂》、《伤寒论》、《医学源流》等,均由宋鞠舫讲授。内科杂病由吴衍升主讲,以《张氏医通》为蓝本。原来两年学习期限,后因抗战事起而结束。第二次是在抗战胜利后,教师除了宋鞠舫、吴衍升外,还有朱承汉、张禹九、陈心符等,学制仍是 2 年,前后共办了 3 年,造就了两班学员。

除了比较正规的中医教育外,浙江省还有中医业余函授教育,是由何任主办的杭州中国医学函授社,创始于 1944 年(民国 33 年),直到 1952 年才结束。[3]

从以上对民国时期浙江中医教育的介绍可以看出,当时浙江省的中医教育呈现以下几个特点:

第一,以民间办学为主,主要依靠医药行业的资助。这是当时"漏列中医案"遗留下的隐患,在没有政府投入的情况下,浙江地方药业为浙江的中医教育做出了巨大贡献。如前文提到,浙江中医专门学校的经费一大部分来自杭州市药材行业提捐(每元营业额抽五厘),兰溪中医专门学校的经费后来也由药材经营货款中抽一定数量(大约是 1 元抽 5 厘)来充当,吴涵秋创办的宁波中医专门学校的经费也由药材行业提捐,范文虎在宁波创办的中医学习班、潘澄濂等的温州国医学校、池仲霖的温州国学社基本上都依靠

---

[1]　吴涵秋(1900—1979),字朝钟,医术精湛,能中西合参。

[2]　宋鞠舫(1892—1980),名汝桢,字鞠舫,毕业于湖州师范学校,后弃文学医,师从傅稚云。宋鞠舫热心中医事业,曾为反对国民党政府取缔中医奔走呼吁,参与组织请愿团。

[3]　林乾良.近代浙江的中医教育.中华医史杂志,1983,13(4):224—226;林乾良.解放前浙江的中医教育.浙江文史集萃·教育科技卷.杭州:浙江人民出版社,1996:23—31;朱德明.浙江医药史.北京:人民军医出版社,1999:255—256.

创办者自身的投入。这样一种办学模式是无奈中的有幸之举,正因为有了私立学校和私人资助,才有浙江省在民国时期卓有成就的中医教育,从而培养了大批中医学人才。

第二,重视中医基础理论教学和实践教学。无论是浙江中医专门学校,还是兰溪中医专门学校,其课程设置都非常严格,考试要求也同样严格。前文提到浙江中医专门学校每学期、学年均有考试,分甲、乙、丙、丁四等登记,毕业时还要举行严格的毕业考,分理论(主要写学术论文)与实习(测验临诊实际工作能力)两个方面,后者还分成"处方实习"与"临床见习"两个步骤。在兰溪中医专门学校,学校的全部讲义都由张山雷自己编写,共计 20 多种,合计 100 多万字,如《重订医事蒙求》1 卷、《经脉俞穴新考证》2 卷、《本草正义》前集 7 卷等。[1] 即使是函授教育也不松懈,例如何任主办的杭州医学函授社的学习按照一定进程,分段布置作业,作业经教师批改后再寄还给学生,每学期、每年均有考试,系命题做一两篇论文,考试及格者才发给证书。[2] 而在实践教学方面,浙江中医专门学校是个典型,不仅让学生在送诊局实习,还形成了"处方实习"的教学办法。

第三,重视中西医结合。浙江中医专门学校、兰溪中医专门学校、温州国医学校无不重视对西医的介绍、学习和中西医的结合运用,开设解剖、生理等课程,学习西方医学著作,这不仅是对西方医学的尊重、完善了中医理论和技术,也表现了中医界前辈博大的胸怀和谦虚诚恳的态度。事实证明,民国时期不正常的拥西贬中的态度是不可取的,中医学作为中国几千年来的文化瑰宝,形成了独特的一套理论体系,在简单、经济、辨证治疗方面积累的丰富的经验,与西方医学各具特色且独领风骚,应该得到后人的珍视和继承。

〔1〕 林乾良.解放前浙江的中医教育.浙江文史集萃·教育科技卷.杭州:浙江人民出版社,1996:31.

〔2〕 林乾良.解放前浙江的中医教育.浙江文史集萃·教育科技卷.杭州:浙江人民出版社,1996:26.

第六章

民国时期浙江科学和技术发展的启示

本书从民国时期浙江科学和技术的发展背景出发,划分了三个主要阶段,概述了不同发展阶段上浙江科学和技术的基本事实并总结了各阶段的特点,这是从整体上研究和把握浙江省科学和技术发展历程的一次尝试。

通过这一研究,我们可以清晰地看到,现代西方科学和技术之所以在浙江得以确立和发展,既有外强入侵、迫使中国走上现代化道路的外部原因,也有当时中国社会救亡图存、谋求发展的内在原因;既要引进和消化西方的科学和技术成果,又要依靠自身的科学、技术人才不懈努力地开展研究。这是发展中国家在现代化的道路上必须具备的条件和素质,也是民国时期浙江科学技术发展历程留给我们的启示。

第一节 民国时期浙江科学和技术发展的外部机制

在有关科学发展的机制问题上,历来存在内因论(internalism)和外因论(externalism)两种观点。内因论强调科学理论和科学方法自身的发展,强调科学进步的内在因素和机制,这一导向的代表者是法国科学史家科瓦雷(A. Koeré)。1939年(民国28年)他在《伽利略研究》中提出:"科学在本质上是对真理的理论探求,科学的进步体现在概念的进化上,它有着内在的自主的发展逻辑。"[1]

外因论则强调科学概念及理论产生的社会、经济、文化等外部因素的作

---

〔1〕 吴国盛.科学思想史指南.成都:四川教育出版社,1997:9.

用,它的代表者是苏联物理学家、科学史家格森(Б. М. Геессен)。他在其名作《牛顿〈原理〉的社会经济根源》中从马克思关于中世纪和近代私有财产发展史的三阶段思想出发,详细考察了牛顿活动所处的第二阶段的社会经济系统,包括水陆交通、工业和军事以及经济任务和经济任务所决定的物理学研究纲领,从而得出结论为:任何科学纲领都是由一个时代的经济任务和技术任务决定的。[1]

显然,内因论和外因论强调的重点不同,内因论关注科学理论自身的生成和演进,外因论重视科学在社会支持下的发展过程。如果说科学在发展之初,在没有显示出巨大的社会功能的情况下,其发展还是其内部的事情,那么随着科学和技术的实用功能的凸显,社会支持科学技术的研究事业就成为了必然。特别是对发展中国家而言,在社会层面肯定科学的价值,借助先进国家的科学和技术成果实现本国的工业化,已经成为一条必须之路。马克思和恩格斯曾把科学看做是"历史的有力的杠杆"、"最高意义上的革命力量"、"一种在历史上起推动作用的、革命的力量"。马克思还指出:"工业化比较发展的国家,不过为那些比较不发展的国家,显示出它们自己未来的形象。"[2]美国经济史家格尔申克隆也指出,在工业化过程中,后进国家并不总是步先进国家之后尘,后进国家不一定要完全重复先进国家的"积累时期",他援用凡勃伦的观点,后进国家无须自己建立技术,可以利用"借用技术"发展自己的工业,例如19世纪后半叶的德国就以钢铁工业为主导使产业迅速实现了工业化。[3]因此,对于发展中国家来说,在引进和发展科学技术的动力机制问题上,外因论的解释能力更强。

中国是一个典型的发展中国家,鸦片战争迫使一代又一代的中国人不断探索富国强民的策略,从科学救国到教育救国,最终发现西方科学文化的核心作用,从而树立了以科学教育彻底改变国人的精神面貌和知识内涵的思想。这一思想使得众多中国留学生怀抱理想前往东西大洋彼岸学习,大批留学生回国则形成了中国最早的科学和技术研究主体促进了中国独立科研事业的开展。对于这一背景,我们已经通过前面的篇章追溯过了。同时,我们也不难看出,与欧美科学和技术相比,中国以及浙江省的科学和技术起步实际上是外因的作用。正是在世界发展不平衡、西方列强入侵的国际形

---

〔1〕 B. Hessen. The social and economic roots of Newton's "principia". *Science at the Cross-roads*, London:FRANK CASS & Co. LTD. 1971.

〔2〕 [德]马克思.郭大力.资本论(第1卷).王亚南译.北京:人民出版社,1956:Ⅹ—Ⅺ.

〔3〕 [美]塞缪尔·亨廷顿.现代化:理论与历史经验的再检讨.上海:上海译文出版社,1993:114—115.

势下,中国被迫走上了工业化的道路,也不得不开展了科学和技术的教育与研究。

同时,在外因论的模式下,我们也更能理解科学和技术对于相对稳定的政治和经济环境的要求。中国的现代科学和技术是在民国初年尚不稳定的政治环境下起步的,从南京国民政府成立到抗日战争前的 10 年是浙江省科学和技术发展的黄金时期,其间基础研究、应用研究潜力无限、前景广阔,但是民族之间的战争严重干扰了这一进程。浙江省的大学和科研机构也要像其他大学一样被迫内迁,科学家要在艰苦的条件下奋力支撑基础研究和有限的应用和技术研究。战争给升学和技术带来的破坏和阻力何其之大!

相比之下,今天我们国家能有这样安静祥和的政治局面和不断提高的经济水平,是多么值得珍惜的时光! 我们应该充分发挥今天的优势,把祖国的科学、技术研究和人才培养进一步推向前进。

第二节　民国时期浙江科学和技术的地位与教育传统

民国时期,浙江省在自然科学基础研究的诸多门类、农业和工业技术的引进和初步研究方面取得了一定成就,特别是物理学、化学、生物学等学科,在国内研究条件不很理想的情况下走出了自己的道路。在物理学领域,浙江大学在国内较早创办了物理系,出现了王淦昌及其对中微子的研究。浙江大学西迁时,在其他大学的物理研究都不景气的情况下,浙江大学物理系的保持较高的研究水平,是非常不容易的。在化学领域,浙江大学在国内较早创办了化学系和化学工程系,培养了中国第一批化学工程学学士,并在1940 年(民国 29 年)开始招收化学工程专业的研究生。在生物学领域,有贝时璋的"细胞重建理论"和谈家桢对果蝇进化遗传学的研究。在数学领域,有享誉中外的以陈建功、苏步青为核心的浙江大学数学学派。在现代技术上,有茅以升设计建造的钱塘江大桥。在科学教育方面,浙江大学的"求是"精神和浙江中医教育的中西医结合的方针,无不显现出耀眼的光芒。可见,李约瑟在战时对浙江大学有关数学、生物、物理、农化、史地等领域的考察后,把浙江大学称为"东方剑桥"不是没有道理的。

除了历数浙江省在民国时期的具体研究成果外,还有一个指标能够说明浙江的科学和技术实力及其在中国的学术地位,这就是浙江籍院士(以及学部委员)在中国当时院士(以及学部委员)中的比重。1948 年(民国 37年),中央研究院进行了第一届院士选举,在选出的 81 名院士中,有 20 位是浙江籍,其中理工类 16 人,占总数的近 20%。1954 年,中国人民科院筹备建立物理学数学化学部、生物学地学部、技术科学部和哲学社会科学部,于 1955 年正式推举出科学技术方面的学部委员共 172 名,其中浙江籍学部委员有 37 人,占 22%。[1] 为什么浙江籍的院士和学部委员会占到如此高的比例? 除了积极派出留学生、重视科学和技术研究外,也许还要考虑浙江省地方的文化特征,即浙江省历来重视人才培养的传统。[2]

浙江人勤奋务实,自古重视教育,形成了严谨的学术风气。这些传统文化的精髓同样有利于现代人才的培养。总结这些教育和文化传统,可以归结为以下两点。

第一,"经世致用"的治学精神。

"经世致用"首先表现为一种实用性的精神,"经世"强调远大的理想和抱负,"致用"强调理论联系实际,注重实效,同时也表现为一种学术精神,提倡用学术为社会服务。早在汉代,思想家王充[3]就在《论衡》、《讥俗》、《政务》等书中宣扬了"实事疾妄"、"订真伪"、"察效验"、"定虚实"的治学方法。南宋浙东学派[4]的代表吕祖谦也明确提出"讲实理,育实材而求实用"的教育宗旨。明末顾炎武追随程颢、程颐和朱熹的思想,倡导"经学即理学",启文学、音韵、训诂之学;颜元则反对这种默坐诚心和读书著书,惟务礼乐兵农等实事实用;黄宗羲则崇尚陆九渊、王守仁的思想,主究经读史,以纠"束书不观"、"游谈无根"之弊,而"经术所以经世"、"学必原本于经术而后不为蹈虚,必证明于史籍而后足以应务"[5]。当经学枯窘、实学粘滞之际,章学诚别开生面,创"六经皆史"说和"道不离器"说,为经世致用另辟蹊径。他的"六经皆史"说认为六经"皆先王之政典","皆先王得位行道经纬世宙之迹"(《文史通义・易教上》),那么学古必须通今,"君子苟有志于学,则必求当代典章以切于人伦日用,必求官司掌故而通于经术精微"(《文史通义・史释》);"道不离器"则认为六经皆是载道之器,而不是道本身,这就解除了六经对现实的禁锢,"夫道备于六经,义蕴之出于前者,章句训诂足以发明之;事变之出于后者,六经不能言,故贵约六经之旨而随时撰述,以穷大道也。"

〔1〕 资料来源:浙江省科学技术志.北京:中华书局,1996;24—26.

〔2〕 杨太辛.浙东学派的涵义及浙东学术精神.浙江社会科学,1996(1):93—94.

〔3〕 王充(27—约97),字仲任,会稽上虞(今浙江上虞)人,东汉思想家.

〔4〕 一般认为,浙东学派包括两个时期:宋时与程朱理学对立的学派,包括金华学派、永嘉学派、永康学派;清初以黄宗羲、万斯同、全祖望、章学诚、邵晋涵等为代表的史学派别.他们一般主张治学先穷经而求证于史,倡导注重研究史料和通经致用的风气.

〔5〕 全祖望.梨洲先生神道碑文阴.鲒埼亭集外编卷十一.

（《文史通义·原道下》）章学诚的"六经皆史"说对当时及以后的经世致用思想产生了巨大影响，也激发了浙江人的治学精神和良好学风，并延续到现代教育和学术研究中。

第二，教育优先、人才第一的文化精神。

浙江自唐五代直到近代，教育事业尤其发达，成为了中国文教兴盛、人才辈出之地。在教育方面，不仅官学普及，民间办学也蔚然成风，如精舍、书院、义塾、书堂、社学、私塾、学堂、学校等比比皆是。仅以书院为例，浙江所建书院数量在全国所占比例中，在唐、五代居第三位，在宋、元、明居第二位，在清代居第一位。浙江的书院不仅历史悠久、数量众多，而且学风活泼、人才辈出，如北宋孙觉，南宋吕祖谦，明代王阳明、刘宗周，清代黄宗羲、全祖望，近现代章太炎、陶行知、鲁迅、蔡元培、孙诒让、马一浮等，受教皆于书院传统[1]。而19世纪末求是书院的建立则开启了浙江现代科学教育的先河，发展到浙江大学时已经成为中国重要的高等教育与科研机构。

竺可桢出任浙江大学校长后更是充分发挥了这种"教育优先、人才第一"的思想，提出"教授是大学的灵魂"的口号，并竭诚尽力、豁然大公，以礼增聘国内专门学者，以民主处理日常校务，使浙江大学聚集了一批科学和技术专家，使其科学研究水平与日俱增，涌现出了苏步青的微分几何、陈建功的三角级数、王淦昌的中微子研究、束星北的相对论、卢鹤绂与王漠显的量子力学、贝时璋的细胞重建理论、谈家桢的遗传学、王国松的电工学、李寿恒的中国煤的研究、钱令希的悬索桥理论和余能定理、钱钟韩的工业自动化研究、苏元复的萃取理论和工艺的改进、侯毓汾的活性染料研究，以及农业科学中在水稻育种、芥菜变异、蔬菜果树园艺新品种的推广、植物无性繁殖、观赏植物栽培、土壤试剂、豆薯杀虫、五倍子和刺梨营养、白木耳人工栽培、蝗虫稻苞虫防治、蚕丝增长等研究成果，这是非常不容易的。也许当时只有西南联合大学可以与浙江大学相媲美。

浙江省民国时期在科学和技术教育与研究领域所取得的成就也充分体现了浙江大学教学与研究人员的勤奋刻苦和求是精神，他们所培养的大批人才成为之后中国科学和技术事业的中坚力量。例如，贝时璋院士是中国著名生物学家和教育家，受到了中国科学界、教育界和公众的敬仰，人们不会忘记：他曾经是浙江大学教授。2010年1月11日，谷超豪院士获得了

---

〔1〕　吴光.论浙江的人文精神传统及其在现代化中的作用.杭州师范学院学报（社会科学版），2001(2)：20.

2009 年度中国国家最高科学技术奖,他作为中国著名数学家,人们不会忘记:他是浙江大学数学系培养出来的弟子。

江山代有才人出,长江后浪推前浪。只有扎实的知识基础、优良的教风学风、崇高的思想品质才能培养出优秀的人才。民国时期浙江省的科学和技术教育无疑证明了这一点。

第三节　民国时期浙江省基础科学教育与研究的经验

如果我们用粗线条描述 20 世纪以来中国的科学和技术事业,能够看出它总体上偏重应用研究的特点,但是在民国时期,它并非不重视基础研究。

这一时期恰好是西方物理学、遗传学、化学等基础学科的蓬勃发展时期,中国大批留学生从事于这些领域的学习和研究,回国后亦开展了相关问题的研究,如王淦昌、谈家桢、贝时璋等,他们的成就来自于西方的教育与培养他们也延续了西方重视基础研究的传统。周培源曾总结,中国科学在旧中国时期存在研究条件不足的劣势,国内工业基础薄弱,军阀混战,政府不能顾及基础学科,不进口先进的实验仪器,但凡不需要很复杂实验设备的学科都能得到较好发展,如地质学、生物学、数学等;而那些需要复杂实验设备的学科就发展得很差,如物理、化学等,在物理学和化学中即使有较高水平的论文也是归国留学生写的,他们的实验也是在国外留学期间完成的。[1]但是在艰苦的科研条件下,民国时期的科学界仍然尽力开展基础研究的事实是不容置疑的。一个典型的例子就是,1949 年后,为了发展科学和技术事业,中国进行了大规模投入,在原子能、半导体材料、电子计算机、空间技术、激光技术等领域成果卓著,原子弹、氢弹、导弹试验成功,人造地球卫星发射和准确回收,其主要研究者大多是民国时期培养的人才,都曾受过良好的基础学科的教育和开展过扎实的研究工作。

而 20 世纪中期以后,中国科学和技术的教育与研究则明显表现出了重"应用"而轻"基础"的特点。20 世纪中后期,在第三次科学技术革命的引领下,西方有了遗传学、生物工程、信息通信技术等新进展,而国的科学和技术水平却再次出现落后的局面。时值 21 世纪,当中国大力发展新能源产业的时候,风能、太阳能光伏、生物质能源等却由于缺乏核心技术和核心原料而

---

〔1〕　周培源.六十年来的中国科学.红旗,1979(6):61.

被认为在产业中潜伏深层危机。这种核心技术和核心原料"两头在外"的情况既与中国整体科研实力特别是基础理论领域长期滞后有关，也与中国在科学技术领域的相关政策有关，即过分强调应用领域研究，重点扶持产业转化，而忽视了基础学科的发展和基础学科人才的培养。[1]

2005年7月29日，病榻上的钱学森院士（见图6-1）曾向温家宝总理坦诚相告："现在中国没有完全发展起来，一个重要的原因是没有一所大学能够按照培养科学技术发明创造人才的模式去办学，没有自己独特的创新的东西，老是冒不出杰出人才。这是很大的问题。"今天，我们把"为什么中国的学校总是培养不出杰出人才"称为"钱学森之问"。2009年10月31日，钱学森院士在北京逝世，享年98岁，他提出的这个问题便永远地留在了他身后。实际上，钱学森道出了中国当代基础科学教育的根本问题，它引起了中国

图6-1　钱学森

科学界、教育界人士的反思和讨论，也使我们必须重新评论和认识基础研究的作用与意义。

我们承认，民国时期，中国的基础研究得到了应有的重视，由此培养了高质量的人才。今天，我们应该认真研究民国时期的科学教育与研究传统，汲取它的精华。例如深入认识当时的科学家的辛苦耕耘，浙江大学的"求是"学风和科研理念，以及在当时大学教育中强调基础教育、通才教育和教学与科研相结合的思想——这些对中国今天的大学教育来说，是非常值得借鉴的遗产。正如前文曾提到过的数学家陈建功的观点，他认为，大学教育应该做到教学与科研相结合，教育要教好书，但必须靠科研来提高，反过来，不教书就培养不出人才，科研也就无法开展。贝时璋院士在生前的手稿中也殷切希望：

"为了把世界的真情研究得更真实，必须将全部科学更好地配合起来，共同来探讨，例如数理化、天地生、工农医以及各社会科学，特别是哲学，共同商议，以求精益求精。"

"要注意通才与专才相结合，这样既有通才，又有专才。对世界既有普遍理解，又有专题研究。而且要对无生命和生命敬重。这样对世界就有全

---

〔1〕　专家指出新能源产业盲目上马或引深层危机.经济参考报,2009-8-26.

面的认识。"[1]

总之,通过对民国时期浙江省的科学和技术史研究,我们看到了 20 世纪以来,在世界科学和技术发展的统一潮流下,中国区域科学和技术的一般发展过程和特点,再现了浙江地方的文化特色和教育理念对科学和技术研究与人才培养所起的重要作用。这些历史事实将永远镌刻在中国科学和技术的历史中,这些精神的财富值得我们不断地去探讨、继承和发扬。

---

〔1〕 http://www.sina.com.cn,2009 年 11 月 2 日 04:35 人民网—人民日报.

主要参考文献

［英］李约瑟.中国科学技术史(第1卷).北京:科学出版社,1975.

杜石然等.中国科学技术史稿.北京:科学出版社,1982.

郑积源.科学技术简史.上海:上海人民出版社,1987.

董光璧.中国近代科学技术史论纲.长沙:湖南教育出版社,1992.

张孟闻.现代科学在中国的发展.上海:上海民本出版公司,1948.

何艾生,梁成瑞.中国民国科技史.北京:人民出版社,1996.

中国科学技术协会.中国科学技术专家传略(各卷).北京:中国科学技术出版社,1992.

舒新城.中国近代教育史资料.北京:人民教育出版社,1962.

陈景磐.中国近代教育史.北京:教育出版社,1979.

陈学恂.中国近代教育史资料汇编.上海:上海教育出版社,1991.

段治文.中国现代科学文化的兴起:1919—1936.上海:上海人民出版社,2001.

费正清,维恺.剑桥中华民国史(下卷).北京:中国社会科学出版社,1993.

王庄穆.民国丝绸史.北京:纺织工业出版,1995.

徐新吾.近代江南丝织工业史.上海:上海人民出版社,1991.

刘大椿等.新学苦旅——科学、社会、文化的大撞击.南昌:江西高校出版社,1995.

金普森等.浙江通史·民国卷(上、下).杭州:浙江人民出版社,2005.

浙江省科学技术志编纂委员会.浙江省科学技术志.北京:中华书局,1996.

滕複等.浙江文化史.杭州:浙江人民出版,1992.

朱新予等.浙江丝绸史.杭州:浙江人民出版社,1985.

浙江省丝绸志编纂委员会.浙江省丝绸志.北京:方志出版社,1999.

朱德明.浙江医药史.北京:人民军医出版社,1999.

叶永烈.浙江科学精英.杭州:浙江科技出版社,1987.

杭州市科学技术委员会科技志编纂委员会.杭州市科技志.杭州:杭州大学出版社,1996.

谷超豪,胡和生.中国现代科学家传记(三).北京:科学出版社,1992.

张彬.倡言求是,育英才——浙江大学校长竺可桢.济南:山东教育出版社,2004.

纪念科学家竺可桢论文集编辑组.纪念科学家竺可桢论文集.北京:科学普及出版社,1982.

王增藩.苏步青传.上海:复旦大学出版社,2005.

苏步青.略论数学人才的培养.见:苏步青文选.杭州:浙江科技出版社,1991.

李建树.谈家桢传.宁波:宁波出版社,2002.

杨竹亭.中国遗传科学的奠基人——谈家桢.中华文史资料文库(第18卷).北京:中国文史出版社,1996.

胡济民等.王淦昌和他的科学贡献.北京:科学出版社,1987.

崔纪敏,王淦昌.石家庄:河北教育出版社,2000.

浙江大学校史编写组.浙江大学简史(一、二卷)(1897—1966.5).杭州:浙江大学出版社,1996.

幸必达.浙江大学在遵义.中华文史资料文库(第17卷).北京:中国文史出版社,1996.

何柱承.浙江大学在遵义.杭州:浙江大学出版社,1990.

宋晞.张其昀教授与浙江大学史地系所.见:阙维民.史地新论——浙江大学(国际)历史地理学术研讨会论文集.杭州:浙江大学出版社,2002.

赵福莲.1929年的西湖博览会.杭州:杭州出版社,2000.

郑定光.宁波科技志.上海:上海科学技术出版,1991.

叶竞先.金华市科技志.杭州:浙江人民出版社,1993.

王其南.乐清县科技志.北京:当代中国出版社,1996.

钱之亮,诸暨市科学技术委员会.诸暨市科技志.1992.

任定成.中国近现代科学的社会文化轨迹.科学技术与辩证法,1997(2).

张祖林.关于中国近代科学技术史分期问题的讨论.自然辩证法研究,2001(3).

中国近现代科学技术史研究笔谈.自然科学史研究,2001,20(2).

刘新铭.关于"中国科学化运动".中国科技史料,1987,8(2).

曲铁华.中国近现代科学教育发展嬗变及启示.东北师范大学学报(哲

学社会科学版),2000(6).

　　刘铁芳.科学教育:过去、现在和未来.河北师范大学学报(教育科学版),2000(7).

　　张维.近现代中国科学技术和高等工程教育发展的回顾与展望.高等工程教育研究,2001(2).

　　徐明华.民国时期大学的科学教育体制与科研的发展.自然辩证法研究,1992,8(1).

　　白锦表.影响浙江教育近代化的因素与浙江近代教育的特点.浙江教育学院学报,2002(3).

　　姚蜀平.留学教育对中国科学发展的影响.自然辩证法通讯,1988(6).

　　王奇生.近代留学生与中国科学事业.神州学人,1998(3).

　　王奇生.中国留学史上的"六代"留学生.神州学人,1994(10).

　　任鸿隽.中国科学社简史.中国科技史料,1983,3(1).

　　李真真.中国科学院学部的筹备与建立.自然辩证法通讯,1992(4).

　　林文照.中央研究院概述.中国科技史料,1985,6(2).

　　林文照.中央研究院的筹备经过.中国科技史料,1988,9(2).

　　林文照.北平研究院历史概述.中国科技史料,1989,10(1).

　　吴家睿.静生生物调查所纪事.中国科技史料,1989,10(1).

　　黄道炫.1927—1937年中国的学术研究.史学月刊,2001(2).

　　林文照.20世纪前半期中国科学研究体制化的社会因素.自然科学史研究,1994(2).

　　黄汲清.中国地质学的主要成就.中国科技史料,1983,3(3).

　　汪子春.中国近现代生物学发展概况.中国科技史料,1988,9(2).

　　薛攀皋.我国大学生物学系的早期发展概况.中国科技史料,1990,11(2).

　　王宗训.中国植物学发展史略.中国科技史料,1983,4(2)

　　张九辰.20世纪上半叶中国的海洋地理学.中国科技史料,1998,19(3).

　　戴念祖.物理学在近代中国的历程.中国科技史料,1982,2(4).

　　戴念祖.中国物理学记事年表(1900—1949).中国科技史料.1983,3(4).

　　戴念祖.本世纪以来中国物理学家的主要成就概述.中国科技史料,1991,12(4).

　　奚霞.民国时期中医废立之争.炎黄春秋,2004(8).

　　林乾良.近代浙江的中医教育.中国医史杂志,1983,13(4).

　　王奇生.中国近代人物的地理分布.近代史研究,1996(2).

　　谢振声.中国近代物理学的先驱者何育杰.中国科技史料.1990,11(1).

杨士林.竺可桢的教育思想和实践.文汇报,1984-02-08.

苏步青.怀念竺可桢先生.解放日报,1990-03-08.

竺安.怀念父亲.中国科学报,1990-03-06.

陈克艰.苏步青教授谈中国现代数学.中国科技史料,1990(1).

苏步青.数学教育五十年.自然杂志,1981(8).

苏步青.多出人才快出成果的有效途径.人民教育,1979(7).

苏步青.我在爱国的道路上.文汇报,1980-06-06.

赵功民.谈家桢人事录.中国科技史料,1985,6(5).

许为民,张方华.李约瑟与浙江大学.自然辩证法通讯,2001(3).

吴英杰,张钢.抗日战争时期浙江大学的科学研究.自然辩证法通讯,1996(2).

浙江大学由桂迁黔档案史料选编.贵州档案史料,1988(4).

增庆干.抗日战争时期浙江大学西迁湄潭纪实.贵州档案史料,1988(4).

颜士之,许为民,张其昀.史地结合思想与浙江大学史地系办学特色.浙江大学学报(社会科学版),1998(3).

国立浙江大学史地系成立二十五周年纪念集,1963.

王永太.张其昀与《遵义新志》.中国地方志,2005(2).

韩光辉.张其昀先生的生平及其历史地理学贡献.刘盛佳.张其昀的地理思想和学术成就.马先醒《遵义新志》与《汉居延志》.见:张其昀先生百年诞辰纪念论文集.台北"中国文化大学",2000.

西湖博览会筹备之经过.东方杂志,1929,26(10).

乔兆红.1929年的杭州西湖博览会.广西社会科学,2003(3).

谢辉.记1929年西湖博览会.文史精华,2001(1).

茅以升.钱塘江桥设计及筹备经过.工程,1934,9(3、4).

浙江地质网 http://www.zjdk.gov.cn.其中关于浙江地质勘查的简史.

周维强.满堂花醉三千客一剑霜寒四十州——"民国奇人"张静江在杭州.之江文学网络版:http://www.hangtu.com/lib/zjwx_25/25hzymr1.htm.

附　录

民国时期浙江籍院士[1]

姓　名	出生年份	籍　贯	专业(专长)	所属单位
钱崇澍	1883	海宁	生物学	复旦大学
翁文灏	1889	慈溪	地质学	
竺可桢	1890	上虞	地理、气象学	浙江大学
姜立夫	1890	平阳	数学	中山大学
朱家骅	1893	吴兴	地质学	
罗宗洛	1898	黄岩	植物生理学	中央研究院植物研究所
伍献文	1900	瑞安	鱼类学	中央研究院动植物研究所
严济慈	1901	东阳	物理学	北平研究院物理研究所 专任研究员兼所长
俞大绂	1901	绍兴， 生于南京	植物病理学	北京大学
苏步青	1902	平阳	数学微分几何	浙江大学
赵忠尧	1902	诸暨	核物理	
童第周	1902	鄞县	生物学	山东大学
贝时璋	1903	镇海	实验胚胎学、 细胞学	浙江大学
冯德培	1907	临海	生理学	中央研究院医学研究所
许宝騄	1910	杭州	数学	北京大学
陈省身	1911	嘉兴	数学	中央研究院数学研究所

---

　　[1]　根据浙江省科学技术志编纂委员会所编写的《浙江省科学技术志》(中华书局 1996 年版，第 24—31 页)中的资料整理。

大事记[1]

1912 年（民国元年）

3 月 10 日，位于杭州笕桥的农事试验场（创立于 1911 年）扩建后改称浙江农事试验场，是浙江省第一个科学技术试验研究机构。后几经变迁，于 1932 年并入农业改良总场，1938 年又并入浙江农业改进所。

4 月，朱光焘筹资于杭州池塘巷建纬成丝织公司（今杭州福华丝绸厂前身），从日本引进仿法手拉提花机 6 台，是我国第一个用铁机生产丝织品的近代企业。1914 年引进意大利高车式合丝车，1922 年自制绢纺与日本纺丝抗衡，1924 年首创用进口人造丝与真丝交织巴利绸。后又用沉缫新法、蒸汽烘茧和机械煮茧，所产"蚕猫"牌丝远销欧美。

6 月 1 日，浙江医学专门学校在杭州成立，1913 年，改称浙江公立医药专门学校。1931 年 8 月改称为浙江省立医药专科学校。1947 年改称浙江省立医学院。1952 年与浙江大学医学院合并，成立浙江医学院。1960 年改称浙江医科大学。1998 年，原浙江大学、杭州大学、浙江农业大学、浙江医科大学合并后，浙江医科大学改为浙江大学医学院，所在校区为"浙江大学湖滨校区"。2006 年 8 月，浙江大学医学院整体搬迁至浙江大学紫金港校区。

12 月 10 日，孙中山视察之江学堂。之江学堂的前身为 1845 年美国基督教北长老会传教士在宁波建立的崇信义塾，是浙江省最早的男子洋学堂。1867 年迁至杭州，改名育英义塾，后改名育英书院。1911 年成立之江学堂，设文理两科。1914 年改名为之江大学。1931 改称私立之江文理学院，1940 年恢复之江大学名义。1952 年，之江大学结束。

同年，浙江高等蚕桑学堂改名为"浙江省高等蚕桑学校"，1913 年又改名为"浙江省立甲种蚕业学校"。

---

[1] 本大事记以浙江省科学技术志编纂委员会所编写的《浙江省科学技术志》（中华书局 1996 年版）为基础，参照相关的科学技术史著作、资料，增减、整理而成。

同年,创建公立农业专门学校,1913 年改称甲种农业学校,1924 年改为农业专门学校。

同年,浙江陆军测量局开始测量钱塘江口段与杭州湾,始绘 1∶25000 地形图。

同年,美籍医生孟杰在湖城天宁巷租民房创办湖郡医院,分内、外、妇产、五官等科。后该院与福音医院合并,迁址马军巷。

同年,益美、南海两汽船局成立,各有汽船 1 艘行驶甬姚线。

1913 年(民国 2 年)

3 月,宁波电话公司成立,1920 年改为四明电话公司。

3 月 25 日,浙江图书馆孤山馆舍开放,定为总馆。浙江图书馆是全国建立最早的省级公共图书馆之一,其前身为 1900 年 11 月创办的杭州藏书楼,1903 年扩充改建为浙江藏书楼。1909 年,浙江藏书楼扩充改建为浙江图书馆,并将浙江官书局并入。1911 年,文澜阁及所藏我国历史上最大的丛书——《四库全书》等归并浙江图书馆。1912 年孤山路馆舍建成。20 世纪 30 年代,大学路馆舍建成开放。1998 年 12 月,位于曙光路的浙江图书馆新馆建成正式对外开放,成为浙江省最大的图书馆。2007 年 12 月 1 日,浙江图书馆成为首家免费向公众开放的省级图书馆。

9 月,杭州商人集资创办电话公司。

同年,嵊县开采硼矿石,产品销往日本、美国、法国、德国。

同年,农商部在定海创办渔业传习所。

1914 年(民国 3 年)

2 月,杭州创办武林铁工厂,试制引擎、坐式缫丝车等,并在 1917 年(民国 6 年)制造丝织机和提花机,仿制东洋纤车等,扭转了浙江丝绸机械依赖进口的局面。

3 月,美国长老会传教士苏美格筹建的惠爱医院开业,地址在余姚北城淡竹弄,为境内最早西医医院。

4 月,商办宁波永耀电力股份有限公司创办,资本银圆 13 万元。次年 2 月供电。

10 月,中华医药学会主办的《医药观》在杭州创刊。

同年,裘庆元创办"裘氏医院"。

同年,湖州第一丝绸公司—集成公司成立,采用日本提花机 10 台,开始半机械化式织花色绸缎。

1915 年（民国 4 年）

4 月 1 日,沈家门设测候台。

夏,杭州横河桥处设立女子蚕业讲习所,在艮山门外设立了原蚕育种制造场,对原蚕土种饲育进行改良试验。

同年,新登知事李兆年建立模范桑园,次年创设蚕业传习所。

同年,振新丝厂(1912 年金溶仲创办)率先采用电力机织造。至 1937 年,杭州丝织业电力机已达 8000 多台,而手拉机仅 6000 多台。

同年,沪杭甬铁路局在杭州闸口设立省内第一个潮位站,进行水文观测。

同年,浙江开始销售化学肥料。

1916 年（民国 5 年）

同年,竺可桢在美国《每月天气评论》杂志发表了有关中国雨量的文章,同年在中国科学社创办的《科学》杂志第 2 期上发表了《中国之雨量及风暴说》,是中国近代气候学最早的论文。

同年,大来铁工厂革新提花机机件,简便灵活,称誉一时。

同年,温州,李毓蒙在瑞安东山乡车头村创办絮棉机器制造厂,生产"双麒麟"牌弹棉机。

同年,龙游创办改良纸厂,是浙江省最早的半机械作坊式手工纸厂。

1917 年（民国 6 年）

10 月,杭城中药业发起筹建私立浙江中医学校,1920 年改名为私立浙江中医专门学校。

同年,浙江省立甲种森林学校在严州(今建德)建立,1924 年并入浙江公立农业专门学校。

同年,浙江蚕丝会在杭州成立,设事务所于孤山,计划蚕业政策,颇具成就。

同年,温州,杨玉生、黄群、吴璧华、潘建宗等发起筹办瓯海医院,于 1922 年 6 月建成开诊。

1918 年（民国 7 年）

3 月,刘长荫、朱葆三、刘万青组建长兴煤矿股份公司,使用机械操作,聘用德籍工程师库舍尔主持矿务。

同年,虎林公司茧行采用双层柴灶烘茧,1910年(民国9年)又购置、采用日式烘茧机。

同年,章林生等在鄞县手工加工清汁笋罐头,并于1920年与陈如馨等在宁波开办如生笋厂,生产"宝鼎"牌罐头食品。

同年,长兴煤矿采用正规的沿倾向上行巷道蹬空采煤法。

同年,湖墅米行利用电力碾米。

1919年(民国8年)

3月,温州,杨雨农等集资在打锣桥春花巷筹办东瓯电话股份有限公司。

5月9日,温州,旧温属公立图书馆建成开放,王俊卿为首任馆长。

8月15日至19日,中国科学社(成立于1915年10月)在杭举办第4次年会,强调提倡科学、研究科学是立国之本。

冬,省改良棉种实验场于马堰头建立(今属慈溪市),繁育推广美国棉种和改良棉种。

同年,杭州著名园艺家吴耕民引进日本改良砂梨、甜柿等品种在五云农场(今杭州钱江果园前身)试种。

同年,浙江省立甲种蚕业学校设立了二等测候所,开始了浙江省最早的农业气象观测。

同年,慈溪保黎医院在国内率先应用X射线机,操作者为该院首任院长吴莲艇。

同年,"兰溪中医专门学校"创办。

同年,浙江出现了第一辆汽车。次年成立省道局筹备处,开始拓宽、改建老路通行汽车。

1919—1921年,上海浚浦局在杭州湾与钱塘江口进行潮位、含沙量观测和水深测量,撰写了《杭州湾与钱塘江口水文报告》。

1921年(民国10年)

3月,浙江省甲种工业学校机织科毕业生都锦生运用黑白照相技巧以照相图案绘成意匠,踏成花版,试织成功5寸×7寸九溪十八涧小型丝织风景。次年5月15日,其创建的家庭工艺丝织厂开业。1926年,有手拉机近百台,轧花机5台,意匠8人,职工130余人。产品获美国费城国际博览会荣誉金质奖章,蜚声海外,被称为"东方艺术之花"。1930年参照法国棉织油画风景,又织造出五彩丝织风景。

同年,竺可桢发表论文《杭州西湖生成原因》和《秋间江浙滨海两台风之详释》。

同年,瑞昌机器铁工厂(湖州机床厂前身)在湖城创办,为全省最早从事机器修理的铁工厂之一。

1922 年(民国 11 年)

1 月 11 日,杭州大有利电灯公司董事长俞丹屏集资 40 万元(银元),筹建武林造纸厂,从美国购置 1 台年产 6000 吨的多网多缸造纸机和切料、蒸煮、打浆、洗涤及锅炉、蒸汽引擎等配套设备,1924 年 1 月竣工投产黄纸板,是浙江省第一家机械造纸厂。1931 年,该厂更名为华丰造纸厂。

5 月 15 日,都锦生创办的工艺丝织厂开工。

11 月,大有利电灯公司艮山火力电厂建成发电,首期安装美国西屋公司制造的 800 千瓦汽轮发电机组一套,后又增装瑞士 BBC 公司的 2000 千瓦和美国 AEG 公司的 2300 千瓦汽轮发电机各 1 套,总容量 5100 千瓦。

同年,竺可桢发表了《气象学与农业之关系》、《气候与人生及其他生物的关系》等论文,是中国农业气象学研究的开端,也是物候学研究的肇始。

同年,湖州福音院成立检验科,并于 1928 年开展临床、生化、微生物和血清学检验。

同年,钱江果园开始在桃、梨、柿、枇杷等果树上采用嫁接繁殖、整枝修剪、疏花疏果、套袋等技术。

同年,宁波市区江东建成恒大、鸿大两船厂。

同年,乐清黄华人、王蕙荃研制的制瓦机获国家专利。

同年,设立余杭水位站。

1923 年(民国 12 年)

8 月 10 日至 14 日,中国科学社在杭州省教育会所举行第 8 次年会。

10 月 1 日,杭余公路全线通车,是浙江省第一条公路,由浙江省第一家兴起的民族资本性质的汽车运输企业——杭余省道汽车股份有限公司(简称杭余公司)承筑,1922 年 8 月动工兴建。公路从杭州松木场至余杭山西弄,长 26.18 公里;松木场至观音桥支线,长 2.88 公里。沿线设观音桥、松木场、古荡、东岳、留下、闲林、余杭 7 个车站。杭余公司开浙江商人承筑公路经营长途汽车运输业务的先河。

同年,浙江上虞人农学家吴觉农发表了《茶叶原产地考》。

同年,余杭设立雨量站,1928 年又设余杭、瓶窑雨量站。

1924 年（民国 13 年）

1 月 23 日，交通部办的浙江长途电话局杭州分局设在金芝庙杭州电报局内。

2 月 23 日，县育蚕模范场所产蚕茧，光泽白优，长圆密硬，丝长（584 米），受省实业厅表彰。

3 月 21 日，余杭成立蚕桑研究社，有会员 300 余人。

4 月 26 日，浙江图书馆协会在杭州成立。

7 月，在省立甲种森林学校原址建浙江省立第一模范造林场，旨在科学造林，树立榜样。次年春在乌龙山进行人工造林，至 1928 年共造林 2417 亩，成活 97548 株。后几经变迁，1950 年 2 月改名为浙江省建德林场。

9 月 2 日，中国红十字会杭州分会召开成立大会。12 月 1 日，该分会创办杭州红十字会医院。

同年，成立了浙江省昆虫局，置蚊蝇研究室，在该室工作的李凤荪于 1934 年编著《蚊虫防治法》，是中国医学昆虫防治的第一部专著。

同年，留美学生王士强学成回国，在杭州百岁坊巷开设普益机械捻丝厂，采用西洋摇杆车操作，以厂丝捻成缩缅，织成双绉乔其。

同年，长兴煤矿大煤山井、广兴井开凿深度分别为 300 米，四亩墩井深 400 米。

1925 年（民国 14 年）

9 月 4 日至 7 日，中国工程学会（建于 1912 年 1 月）在杭州省教育会所举行第 8 届年会，讨论工程建设问题。同年，成立中国工程学会杭州分会。

10 月，邑人高培良创建余姚唯一干菜笋厂于侯青门外（今造船厂址），所产干菜笋销往中国上海、香港及南洋等地。

同年，浙江省第一条按公路技术标准修筑的萧山县西兴至绍兴县五云门的公路建成，采用泥结碎石路面，并修建下部结构为石砌台墩、上部结构为钢筋混凝土或钢桁架的永久式公路桥。

同年，余杭县杂交蚕种场建立。

1926 年（民国 15 年）

4 月，浙江甲种工业学校毕业生施春山创建震旦丝织厂。

6 月，诸暨人、浙江公立医药专门学校药科毕业生周师洛和范文蔚等人筹资 6000 银元在杭同春坊创办同春药房，开设民生制造厂化学药品部（今杭州民生药厂前身),仿制国外西药,成为国人自办的四大药厂之一。1930年8月在国内首先试制成功安瓿,1936年10月更名为民生药厂股份有限公司,1939年制成磺胺乙硫——百炎灭,并生产酒精、矽炭银和氯化钙,1943年研制成中性玻璃。

1927 年(民国 16 年)

4月3日,杭州中医协会在佑圣观同善堂召开成立大会。

7月15日,浙江试行大学区制。8月,在杭州成立第三中山大学,校长蒋梦麟。校址在原浙江高等学校旧址蒲场巷。改组浙江公立工业专门学校为工学院、浙江公立农业专门学校为劳农学院,同时筹建文理学院,并接收省教育厅的行政职权。按照大学区组织条例,1928年4月,第三中山大学改为浙江大学,同年7月起改称国立浙江大学。1929年8月,大学区制停试,教育行政职权仍移交浙江省教育厅。

10月下旬,南京国民政府交通部在杭州创立长波无线电台,次年改装成短波,定名为交通部杭州短波无线电台。

同年,屠宝琦在医药专科学校首先进行了微生物学和免疫学的教学与研究。

同年,设于萧山湘湖垦区的国立第三中山大学劳农学院引进美国大型拖拉机2台,小面积试行机耕。

同年,宁波市采用沥青表面处理技术,修筑了浙江省第一条沥青城市道路(公园路)。

1928 年(民国 17 年)

1月6日,法国天主教仁爱堂修女郝格助在杭州创办杭州仁爱医院,第一任院长为中籍修女孙儒理。

2月,在杭州设立浙江省无线电广播台,10月10日开始播音,发射功率初为250瓦,后增为2000瓦。

4月2日,第三国立中山大学改名为浙江大学,蒋梦麟任校长,7月又改称国立浙江大学。

7月,长兴煤矿股份有限公司由中央建设委员会接班,成立长兴煤矿局。

夏,浙江大学创办文理学院,设有物理系,张绍忠任系主任。

10月,吴兴电气股份有限公司技术员在湖城青铜门外用电犁耕田,为国内首次使用。

同年,浙江省建设厅成立了矿产调查所,开始有组织地开展全省矿产资源和地下水的调查。

同年,绍兴福康医院应元岳在该县兰亭乡发现了两例肺吸虫病人。

1929 年(民国 18 年)

5 月,始建杭州闸口发电厂,装机 1.5 万千瓦。1932 年 10 月开始发电。其与南京下关、上海杨树浦电厂共为江南三大发电厂。

5 月 1 日,浙江省电气局接办大有利电业公司,更名为杭州电厂。

6 月 6 日,西湖博览会在杭州开幕,10 月 20 日闭幕。设 8 馆 2 所,展地周围约 8 华里。展品 14.76 万件,以国产品为主。展出 128 天,参观团体 1000 余个、1761 万人次。

同年,余杭、瓶窑、富阳迎薰镇(今富阳市)分别建立水标站。

同年,建立浙江卫生实验所,为国内最早的卫生检验机构。

同年,学者洪式闾创建杭州热带病研究所,为省内第一个私人创办的实验研究机构。

同年,浙江省卫生试验所设立化学科,开展药品鉴定和毒物分析。

同年,杭州缫丝厂引进了群马式立缫车等设备,使缫丝业实现了半机械化或机械化生产。

1930 年(民国 19 年)

1 月,杭州电厂成立电气月刊社,创办《电气月刊》,分送用户,普及用电知识。

春,浙江省棉业改良场在上虞谢家塘设立上虞育种场。

春,富阳大章村一带部分农民从诸暨引种双季间作稻。次年,富阳、新登两县两熟制面积分别为 7.26 万亩和 3.31 万亩,各占耕地面积的 18% 和 33%。

4 月,贝时璋应邀筹建浙江大学生物系。

5 月,杭州和上海从事电工和电讯工作的部分工程师和大学讲师,在浙江大学工学院建中国电工杂志社,出版《电工》。

7 月,杭州城郊小石桥圩水站(今拱宸桥西)开始电力抽水,是全市最早的电力灌溉站。

同年,李寿恒领导化工系建立起四大基础化学及分析化工等 6 个实验室和化工药品室,以及制革、油脂、染色等 3 个小型化工场。

同年,舒文博在富阳县唐家坞一带经过调查,命名了志留系唐家坞砂岩,发表了《浙江西北部的地质矿产》一文(《中央研究院地质研究所集刊》第 10号)。

同年,浙江大学陈建功所著国际上第一本《三角级数论》在日本岩波书店出版。

同年,浙江省建设厅在上虞县五夫创办稻麦改良场,开始稻、麦品种改良工作。

同年,浙江省政府建设厅设立农林局农林总厂,分园艺、森林、昆虫、畜牧和兽医五组,总揽农业技术改进。

同年,浙江省植物病虫害防治所设立了国内第一个植保器械研究室。

同年,黄岩县城桥上街米厂利用垃圾发酵制取沼气成功。

1931 年(民国 20 年)

春,浙江省立女子蚕桑讲习所停办,省立蚕桑改良组也改组,国立浙江大学农学院接收两单位改编为该校农学院附设女子蚕桑讲习科,1931 年夏后不再招生。

4 月 16 日,中央航空学校在杭州笕桥成立。中央航空学校的前身为1928 年 11 月成立于南京的中央军校航空队。以后,军政部航空学校在南京成立,并迁杭州笕桥,扩大改组为中央航空学校,隶属于军事委员会航空署。中央航空学校旨在培养空军人才,学员为年龄在空中服役期限以内、技术体格适合深造的空军军官,补授必要的空军技术与知识。抗日战争爆发后,该校迁至云南昆明巫家坝原云南航空学校旧址,并改组为空军军官学校。1943 年冬,迁至属于今巴基斯坦的拉舍尔。抗日战争胜利后迁回杭州笕桥,并分别在洛阳和广州设立分校。1948 年冬迁往台湾。

5 月,浙江省政府向企信银团借款建造杭州闸口电厂。次年 10 月 5 日建成,2 台 7500 千瓦中温中压汽轮发电机组开始发电。

9 月,海军海道测量处"庆元"号来温测量温州港航道,绘制海图。

同年,竺可桢在《论新月令》一文里总结了我国古代物候方面的成就,倡议应用新方法开展物候观测。

同年,黄鸣驹编著《毒物分析化学》。这是中国第一部以现代科学观点编写的专著,对现代药物分析学科的建立和发展起了重要作用。

同年,矿产调查所组建了浙江省第一支钻探队,用国外的钻机钻探水源和煤田。

同年,成立省治虫人员养成所,培养病虫防治专业人员一期。

同年,水利学家李仪祉进行塘制变革,海塘工程的辅助建筑物坦水一改以往的平铺条石为靠砌与竖砌,同时在石塘之后新建混凝土塘。

1932 年(民国 21 年)

10 月 5 日,杭州闸口电厂建立,两台 7500 千瓦中温中压气轮发电机组开始发电。

同年,贝时璋在杭州松木场稻田里采得南京丰年虫及其 5 种类型的中间性个体,研究发现其生殖细胞的改变是通过原生殖细胞的解体和新生殖细胞的形成,当组成细胞的物质(细胞解体产生的卵黄粒)在环境条件适应时可不通过细胞分裂的方式形成细胞。

同年,何增禄以高超实验技巧成功地制成了 4 喷嘴和 7 喷嘴扩散泵。

同年,国民政府在杭州笕桥筹建中央航空笕桥飞机制造厂,抗战前装配大小军用飞机 100 余架,创全国大批制造飞机纪录。

同年,中华医学会杭州分会(后改为浙江分会)成立。

同年,建浙江省水产试验场,1937 年停办。

1933 年(民国 22 年)

1 月,富阳新登北门建立雨量观测站。

春,省建设厅在杭县、余杭分别设立蚕桑改良区,并设余杭蚕种制造改进所,推行改良蚕种和新法育蚕,禁制土种。3 月 24 日,余杭农民 2000 余人抗议政府强迫取缔余杭土种,《浙江省余杭县改进土种暂行办法》推迟施行。

夏,杭州电气公司以闸口发电厂为始端,装有英国汤姆好司顿厂制造的 7500 千瓦中温中压凝汽式汽轮发电机组两台,美国燃烧公司制造的 38.6t/h 汽鼓弯管粉煤式锅炉两座以及相应的磨煤机、循环水泵等配套设施,是当时首家采用煤粉喷燃装置的发电厂,是东南地区三大电厂之一,装机容量居全国第三。电厂铺设了 13.2 千伏过江水底电缆,至钱塘江南岸萧山西兴,全长 2330 米。次年 5 月通电。

10 月 24 日,浙江省最早的一条民用航空线,上海—温州—福州—厦门—汕头—广州航线开辟,为每周飞两次的定期邮运航班机。

12 月 28 日,杭江铁路全线通车。这是浙江省第一条由省政府出资兴筑的铁路。此线由杭州钱塘江对岸的萧山西兴江边至江西玉山,长 359 公里,于 1930 年 3 月 9 日开工建设。1937 年钱塘江大桥建成后,改称浙赣铁路。

同年,浙江省立医药专科学校建立药科实验室、药理学实验室。

同年,洪式闾积累连年调查研究经验,著有《杭州之疟疾》一书。

同年,阮其煜等还编成《本草经新注》,为本草汇通中西医理论作了首次努力。

同年,中国植物学会浙江分会、浙江省动物学会成立。

同年,中国科学社生物研究所在浙江省开展调查并发表了论著,1933—1936年张孟闻报道了浙江有尾两栖类7种;1933—1935年张作干报道了浙江两栖动物26种,并在温岭采到了中国小鲵10尾成体及一批幼体;1934年寿振黄报道了浙江鸟类179种和亚种;同年,秉志记述了定海的幼年抹香鲸,在《浙江通志》中记述了浙江兽类37种;1935年王以康发表了《浙江鱼类初志》,记述了淡水鱼62种,内有5个新种。

同年,浙江省建设厅在余姚、慈溪县合作棉场引种美国陆地棉品种脱字棉;1935年在杭县、萧山、海盐、镇海、余姚、慈溪、衢县等7县设立改良棉实施区。

同年,在杭州至上海的电报电路上开始使用韦斯登电报机,以机械动作收发电报,传递速度为每分钟30~300个汉字。次年开始使用音响机通报,收报靠耳听手抄。

1934年(民国23年)

1月,在国民政府军政部航空署技术处器材科朱霖科长主持下,毛吉林、王忠法、王朋寿等人按美国欧文(Irving)式降落伞,试制成中国第一具降落伞。后在梅东高桥附近建保险伞制造所,朱家仁负责,月产12具;1936年月产50具。1937年8月13日后,保险伞所迁至四川乐山护国寺。抗战胜利后,回迁杭州刀茅巷。1949年杭州解放前夕,迁至台湾。

4月1日,中国航空工程学会在杭州成立,首批会员50人,钱昌祚任会长。

11月11日,由著名桥梁专家茅以升设计并组织建造的我国第一座双层式铁路、公路两用桥梁——钱塘江大桥开工典礼,1935年4月6日正式开工。1937年9月26日铁路层(长约1322米)通车,11月17日公路层(长1453米)通车。

同年,地质学家李四光经实地考察研究,提出天目山存在第四纪冰川。

同年,盛莘夫发表《浙江地质纪要》。

同年,贝时璋初步提出了细胞重建的假说,并先后撰写了《南京丰年虫二倍体中间性》、《卵黄粒与细胞之重建》和《关于丰年虫中间性生殖细胞的转变》三篇论文。

同年,陈方之撰写《血蛭病之研究》,将浙江血吸虫病流行区划分为浓厚地(17 个县)、稀薄地(14 个县)、最稀薄地(6 个县)、免患地(37 个县),是描述省内流行情况的最早著作。

同年,余杭县傅仁祺在浙江大学潘承圻先生帮助下,用苦竹制毛边纸、书写纸成功。省建设厅设置余杭黄纸改进所继续试验、推广。

同年,东阳县猪疫防治实验区使用自产抗猪瘟血清。

同年,研制成功人力喷雾器,并在浙江推广应用。

同年,浙江省境内先后建成沪杭、杭江两条铁路;随后,杭江铁路向西续修到江西萍乡,与原来的粤汉铁路株萍段相接,改称浙赣铁路。

同年,萧山县政府设棉业改良实施区,在沿江一带推广"百万棉"。

同年,杭县、余杭分别进行土壤调查。

1935 年(民国 24 年)

春季,省农业改良总场于马渚、陡门设双季稻推广区,同年推广双季稻10097 亩。

4 月 6 日,临安县举办稻农讲习学校,招收优秀稻农 40 人,推广纯系稻种(通称改良种)栽培技术,思古等 16 乡共引种 3734.8 亩,秋收比当地品种增产 13%～20%。

6 月,绍兴市名中医曹炳章编纂《中国医药集成》2082 卷,上海大东书局出版。

同年,高平发表的《浙江东部之地质》(《地质汇报》第 25 号)。

同年,浙江省立医药专科学校赵橘黄和徐伯鋆编著《现代本草——生药》(上册)。

同年,彭起首次较系统地调查了海宁、嘉兴、吴兴和德清 4 个主产县的湖羊体型外貌、生产性能、饲养方法和羔皮加工等情况,次年发表《浙西胡羊》一文。

同年,浙江大学苏步青开始研究射影曲面论和 K—展空间几何学,居国际领先。

同年,成立水产试验场,在大陈、普陀等岛进行潮流、水温、比重和浮游生物等海洋初步调查,次年测绘制成省内最早的《浙江渔船图表》。

同年,宁波、绍兴、台州分设双季稻推广实施区 10 处,在杭嘉湖分设纯系种推广站实施区 7 处,共推广面积 10 万亩(6660 公顷)。

同年,宁波载重量为 7500 吨级货轮开皮马尔轮,减载至 5000 吨进出甬江航道,为历史上进出甬江航道的最大吨位船只。

1936 年(民国 25 年)

4 月 7 日,国民政府行政会议任命竺可桢为国立浙江大学校长,4 月 25 日到任。1938 年 11 月 19 日,竺主持校务会议,决定以"求是"为校训。

5 月 20 日至 24 日,中国工程师学会、中国化学工业会、中国电机工程师学会、中国自动机工程学会、中国机械工程学会等联合在杭举行年会,与会 1000 余人,讨论实用研究、建设与国防、发展工业等问题。

8 月,实业部全国经济建设委员会与浙江省建设厅在嵊县三界龙藏寺合办浙江省茶叶改良场,吴觉农任场长。

同年,首次绘制了浙江土壤图,朱莲青等人绘制的普陀山土壤图(比例尺 1:50000),马寿微等人绘制的杭县土壤图(比例尺 1:100000)。第一次土壤普查时,采用旧 1:50000 地形图作野外工作底图,调查者用目测、步量等方法勾绘土壤界线,而后缩绘成第一代 1:500000 土壤图。

同年,纯系稻推广到 10 万亩,双季稻推广区除自行留种扩种外,又在武义等适于栽培的新区进行示范推广面积达 7 万亩。

同年,浙江大学农学院设立植物病虫害系,蔡邦华通过对螟虫的发生、防治与气候关系的研究创立了一套害虫预测预报制度;并对谷象发育与温湿度关系进行了研究,分析出其猖獗发生的最适度,解决了长期以来的争论。

同年,在黄岩县建立国内第一个以柑橘为主要研究对象的省级园艺改良场。

1937 年(民国 26 年)

9 月 26 日,钱塘江大桥建成通车。钱塘江大桥位于杭州六和塔东南,横跨钱塘江南北两岸,由著名桥梁专家茅以升设计,是中国人自行设计、建造的第一座双层式铁路公路两用桥,为我国东南交通要道。1935 年 4 月全面动工。该桥上层为公路桥,全长 1453 米(包括南北两岸引桥),宽 9.14 米(包括人行道各宽 1.52 米);桥的下层为单线铁路,长 1322 米;正桥 16 孔,各跨度 67 米。北岸引桥 3 孔,南岸引桥 1 孔。大桥从建成至杭州解放,曾 4 次遭受破坏。第一次是 1937 年 12 月 23 日,日本侵略军进逼杭州,为防敌人过江,中国军队自毁大桥;第二、三次分别是 1944 和 1945 年,均由抗日游击队爆破;第四次是 1949 年杭州解放前夕,国民党军队逃跑时破坏。由于地下党组织保护,此次损坏轻微,24 小时内恢复通车。新中国成立后,大桥被上海铁路局接管,经过 4 年努力,完成了桥墩、钢梁及铁路、公路的全面修复工作。钱塘江大桥也称钱江一桥。

同年,在黄岩县建立国内第一个以柑橘为主要研究对象的省级园艺改良场(今浙江科学院柑橘研究所前身),1958 年在国内率先进行杂交育种。

1937—1944 年,谈家桢利用不同种类果蝇的唾液腺,进行染色体遗传结构的研究,确认了种内与种间亲缘的远近同染色体结构差异呈显著的正相关,并发现果蝇种间的性隔离机制由多基因突变累积形成。

1938 年(民国 27 年)

同年,浙江省农业改进所在松阳成立,由莫定森主持,原有稻麦改良场并入,另设颂阳大竹溪繁殖场、项衡稻作实验区。

同年,在龙泉的浙江省手工业指导所纸业改进场生产手工新闻纸。20 世纪 40 年代以后,浙江省发展圆网造纸,生产有光纸、印刷纸、包装纸等产品。

同年,宁波人徐维通在龙泉县龙剑办起了"通记"松香厂,开始大规模提炼松香。

1939 年(民国 28 年)

10 月 26 日,浙江省立英士大学开学,其前身是创建于 1938 年 11 月的浙江省立战时大学。该校分设工、农、医 3 学院,农学院在松阳白龙圳,设农艺、农业经济、畜牧兽医 3 学系;工学院在丽水三岩寺,设土木工程、机电工程、应用化学 3 学系;医学院在丽水通惠门,设医学、药学 2 系。1942 年 8 月,校址迁往云和、泰顺。1943 年 4 月,省立英士大学改名为国立英士大学。1946 年 3 月以金华为永久校址。1949 年 8 月停办,多数师生并入浙江大学。

同年,於达望编著《制药化学》。

1940 年(民国 29 年)

1 月,浙江大学西迁到遵义,1946 年 9 月返杭。西迁期间,浙江大学科研成果甚丰,有 4 位教授当选中央研究院院士,仅次于北大、清华。

同年,钱人元在《科学》杂志上发表《重核分裂》。

同年,浙江卫生试验所曾研制了国产药品与疫苗。

1941 年(民国 30 年)

冬,浙江大学在湄潭举行"性因子、性遗传"方面的学术报告会。

同年,吴觉农在衢州市万川成立东南茶叶改良总场。

1942 年（民国 31 年）

同年，国际著名杂志《物理评论》第 61 卷第 97 期刊出浙江大学物理系王淦昌教授《关于探测中微子的建议》一文。

同年，桐庐、分水、新登、建德、寿昌、临安、昌化、於潜等县相继成立县农业推广所，负责本县农业指导和推广工作。

1942—1947 年，温州乐清人朱子取等人用电解法和苛化法制得液体和固体烧碱。

1943 年（民国 32 年）

5 月，在上海开设东亚肥皂厂的吴常仁、包耕芜、钟樵桐在杭州狮子巷建东南皂烛碱厂（今杭州东南化工厂前身），用蒸汽和溶油法（后改用冷掬法）制船牌肥皂。

1944 年（民国 33 年）

4 月 10 日，竺可桢在纪念中国科学社成立 30 周年报告会上作《二十八宿之起源》学术报告。

10 月 22 至 29 日，英国剑桥大学生物学家李约瑟博士参观国立浙江大学，称其是"东方的剑桥"。

同年，谈家桢的研究发现了瓢虫色斑变异的镶嵌显性现象。

同年，陈建功获得了关于傅里叶级数蔡查罗绝对可和性的充要条件。

同年，国立浙江大学周厚复教授撰写的有关原子结构理论的论文，被英国皇家学会推荐为诺贝尔化学奖评选论文。

同年，罗登义编著《大众营养》，由交通书局出版。

1945 年（民国 34 年）

9 月，国立浙江大学教授王葆仁分别与杨士林、沈嗣唐合作完成油扩散式真空抽气机用油液之炼制及辛司宁代用品之研究成果。

10 月，浙江大学向教育部报送熊伯蘅教授《农业政策》和孙逢吉教授《台南气候因子对甘蔗产量之影响》两项学术著作成果申请著作发明奖励。

同年，王淦昌发表《对宇宙线粒子的一个新的实验方法的建议》，讨论了细胞和细胞核。

同年，罗登义编著了《营养论丛》，由中华书局分别在 1945 年和 1948 年出版。

1946 年（民国 35 年）

3 月 17 日，汽油火车"西湖号"首次在沪杭线行驶，时速 100 海里。由于无须加水添煤，行驶速度比特快火车还快 55 分钟，4 小时零 5 分即可从上海到达杭州。此火车每节车厢有 68 个座位，每次载客共 220 人。

同年，浙江省水利厅两次对曹娥江进行勘察，并在嵊县成立曹娥江工程处，制订治理规则。

同年，钱令希在美国《土木工程学报》上发表了《悬索桥近似分析》一文；同年，他的另一篇《关于梁与拱的函数分布与感应》的论文获得了重庆政府颁发的科学奖。

同年，丁振麟在《中华农学会报》上发表《野生大豆与栽培大豆之遗传研究》，获中央研究院论文二等奖。

同年，菱湖化学厂率先采用碳化法制得沉淀碳酸钙。

1946—1947 年（民国 35—36 年），浙江省农业改进所引进德字棉"531"种子 100 吨，在镇海、慈溪、余姚、萧山县推广；引进坷字棉种子 15 吨在舟山种植。

1947 年（民国 36 年）

5 月 9 日，中美天文学家十余人在余杭黄湖乡赐壁坞设立日食观测站，观测日环食。

10 月 15 日，嘉（兴）区绵羊场在硖石东山建立，内有"考力黛"良种羊 100 头。

12 月 13 日，斜桥蒋学忠发明新剥茧机，获专利 5 年。

同年，卢鹤绂在国内《科学》上发表了《原子能与原子弹》和《重核二分之欠对称》等文，提出了原子核裂不对称的一种解释。同年，他又在美国《物理月刊》上发表了《关于原子弹的物理学》，在美国文献及专著上被广泛引用。

同年，建中国电机工程师学会（1934 年成立于上海）杭州分会。

同年，行政院善后救济总署浙江分署牵引引机金华工作队成立，拥有 16 匹马力牵引机，先后为金华石柱头、兰溪岩山、汤溪南门江等地农场耕作。

同年，王淦昌又发表论文《建议探测中微子的几种方法》，其中介绍除了利用核反冲探测中微子外还可以利用铀反应堆来探测中微子的试验，被物理学界称为"王—阿伦"方法。

同年，罗登义编著的《谷类化学》由中华书局出版。

同年,诸暨和江山县应用鸡瘟血清注射。

同年,汪丽泉发表《大麦的遗传》论文,报道大麦若干农艺性状的基因互作、连锁遗传、数量性状的遗传动态。

同年,泰鑫铁工厂(后改名杭州锅炉厂)制造 It/h 外燃回火管锅炉。

1948 年(民国 37 年)

1 月,绍兴县下方桥县参议员章国相,首次组织进口意大利人造丝 7 万箱,是为绍兴进口人造丝之始。

春,闲林镇白洋畈归侨合作农场、桐庐下洋洲合作农场开始使用拖拉机。1949 年(民国 38 年),浙江省实业厅机械农垦队用 5 台美制轮式拖拉机在萧山县靖江飞机场垦荒 93 公顷,为浙江省规模机械耕作之始。

6 月 1 日,大同电化厂试产烧碱和漂白粉。

同年,卢鹤绂又在国内《科学世界》杂志上发表《从铀之分裂到原子弹》等两篇总结性论文。1948 年以后,浙江大学还开展了风洞的研究。

同年,浙江矿产勘测处调查了绍兴浬渚铁矿,认为成矿与火成岩和石灰岩接触交代作用有关。中央研究院地质研究所吴磊伯等在浙江北部首次发现中生代火山岩中的斑脱岩,即膨润土,并使膨润土得到开发和利用,成为铅笔芯石墨的黏结剂和矽碳银药片的添加剂。

同年,谭其骧撰写了《杭州都市发展之经过》,是浙江历史地理学最早的研究成果。

同年,浙江大学农学院吴耕民、沈德绪选育成浙大长萝卜,长 80 厘米左右,平均根重 2～2.5 公斤,最大根重 11.2 公斤。

同年,农业昆虫学家祝汝佐与李学骝进行了大规模的寄生蜂实验。他们在浙江崇德 4 个自然村放蜂 9 次,总数达 245 万余头,这是当时规模最大的一次实验。结果非放蜂区卵寄生率为 16.90％～20.07％,而放蜂区达 41.28％,寄生率提高达一倍以上;近放蜂区寄生率为 33.20％,也提高了 50％以上。螟害损失率在放蜂区降低 50％左右。

同年,浙江大学农学院李曙轩在美国首次应用植物生长调节剂进行蔬菜保鲜成功。20 世纪 50 年代至 60 年代用以防止茄果类落花和促进大白菜生长。70 年代用乙烯利调控番茄性别。

同年,杭州大同电化股份有限公司孙洪成等采用食盐电解法,创办省内第一家工业化烧碱车间,利用电解法烧碱联产的氯气,直接氯化消石灰,制得次氯酸钙(漂白粉)。

同年,浙江省立医学院药学本科设生药、药化、药剂、分析鉴定系,出版了一系列著作,包括李佳仁的《实用调剂与制剂学》,顾学裘的《药剂学》,顾学裘、沈文照的《实验药剂学》,於达望的《国药提要》。

1949 年(民国 38 年)

4 月,植物病虫害专家朱凤英在杭州岳坟设立浙江植物医院,专治稻、麦、棉、杂粮、茶叶、果树、桑蚕、蔬菜和花卉病虫害以及白蚁、蚊蝇、臭虫和跳蚤等。

6 月,中国科学工作者协会杭州分会第三届全体会员大会在杭州召开。

秋,隶属于浙江省农林厅蚕业改进所易名为蚕桑试验场。

同年,丁绪贤在助手的协助下完成《铜组分析的简化法和铜砷组中铋、铅、铜及镉的快速分析法》《健那绿作为亚锡和高汞的特效试剂》等论文。

同年,浙江省农科所和农学院用鱼藤精加中性皂大面积防治枇杷黄毛虫取得成功。

同年,浙江省水利局测候所出版《浙江的气候概观并说明霜期与栽培作物的关系》。

索　引

后　记

2006 年,本人因参加浙江省社科规划课题"浙江科学技术史系列研究"而开始了本书的写作,并对民国时期的这部分内容非常感兴趣。

通过对民国时期浙江省科学、技术事件的梳理,本人了解到了当时浙江省开展科学、技术教育与研究的一般过程。中华民国时期是中国,也是浙江省开展现代科学和技术研究的起步时期,通过留学生回潮,建立起了现代科学技术体制,由此促进了中国现代科学、技术教育和研究事业的开展,并为中华人民共和国成立后的科学和技术事业打下了坚实的基础,这一段历史既令人激动,也令人骄傲。

民国时期浙江省的科学、技术历程也反映出了当时中国科学、技术事业的一般特点:

第一,当时从事科学、技术教育和研究的人大都具有强烈的社会责任感和历史使命感,即救亡图存、富国强民。近代以来,欧美国家在科学和技术的基础上形成了先进的工业生产和社会模式,依靠强大的武力和廉价商品打开了中国的大门。中国作为历史悠久的国家,不会甘于长久的落后和被动状态,必然要向西方学习,掌握先进的科学和技术,从而形成有利于本民族发展的科学文化精神、技术体系和社会制度。

第二,科学、技术的发展需要专业化的人才和稳定的社会环境。民国时期,浙江省的科学技术事业的发展便充分证明了这一点。当社会稳定、经济持续发展时,浙江省的科学和技术便得到稳健发展;而在战乱、经济崩溃时期,浙江省的科学和技术便遭到巨大破坏。对这一点的认识使我们不能不对当代中国的政治和社会局面有所珍惜,力求在今天这样的社会环境中实现我国科学和技术事业的持续发展。

第三,民国时期,以浙江大学为代表的中国大学在强调教学与科研相结合的同时,仍以培养人才作为大学的宗旨,竺可桢、罗宗洛、谈家桢、苏步青、陈建功等都是优秀的大学教师,他们培养出的大批学生在十几年或几十年以后成为当代中国科学界的领军人物,正可谓名师出高徒、青出于蓝而胜于蓝,其中谷超豪作为苏步青和陈建功的学生便具有代表性。由此我们不得不反思我国当前大学教育中存在的重科研轻教育的现象。基础研究和应用研究可以提高大学的科学、技术水平和知名度,但是在大学里从事科学、技术研究的教师首先应该承担起教育的责任。民国时期的大学理念无疑对当代中国的大学教育有一定的借鉴意义。

总之,从事民国时期浙江科学技术史研究让我获益匪浅,也希望这些认识能引起读者的共鸣。

感谢"浙江科学技术史系列研究"课题的负责人许为民教授,他在本课题的研究思路和方法上对本人作了重要指导,也感谢哈尔滨师范大学孙慕天教授、张明雯教授在科学哲学和科学技术史理论上的教诲。

本书的研究建立在以往有关民国时期浙江科学、技术事业的记载和初步研究的基础之上,借鉴了大量有价值的文献和数据,在此一并向引用了其作品的诸位作者或机构表示感谢;感谢浙江省社会科学基金会对本研究的支持;感谢浙江大学出版社朱玲和葛娟为本书的编辑和出版付出的努力。

本书在研究内容和方法上若有欠缺之处,敬请各位专家、学者和广大读者批评、指正。

王彦君

2013 年 12 月